黄河托龙段缓倾角软弱结构面研究与评价

刘满杰　吴正桥　高义军　陈书文　著

中国水利水电出版社
www.waterpub.com.cn

·北京·

内 容 提 要

本书以黄河托龙段已建工程万家寨和龙口水利枢纽工程为例，针对宽U形河谷缓倾角软弱结构面的发育规律，最大限度选择具有代表性和真实性的试验位置，进行现场大型抗剪和中型快剪试验，结合坝基缓倾角软弱结构面的分布特征，通过测试、试验和计算等多种方法的研究，适当考虑"岩桥"的作用，科学合理地提出其抗剪强度指标工程采用建议值，为工程决策提供了科学依据。经过多年安全运行，充分证明了当时确定的抗剪指标是可靠正确的，尽管突破了规范和常规认知，但也是合理安全的，可为类似工程提供创造性的宝贵经验。

本书可供从事水库大坝工程勘察设计、咨询、建设管理和教学工作的学者、工程师参考。

图书在版编目（ＣＩＰ）数据

黄河托龙段缓倾角软弱结构面研究与评价 / 刘满杰等著. -- 北京 ： 中国水利水电出版社，2021.6
ISBN 978-7-5170-9701-3

Ⅰ．①黄… Ⅱ．①刘… Ⅲ．①黄河－水利枢纽－水利工程－研究 Ⅳ．①TV632.613

中国版本图书馆CIP数据核字(2021)第127425号

书　　名	**黄河托龙段缓倾角软弱结构面研究与评价** HUANG HE TUOLONG DUAN HUANQINGJIAO RUANRUO JIEGOUMIAN YANJIU YU PINGJIA
作　　者	刘满杰　吴正桥　高义军　陈书文　著
出版发行	中国水利水电出版社 （北京市海淀区玉渊潭南路1号D座　100038） 网址：www.waterpub.com.cn E-mail：sales@waterpub.com.cn 电话：(010) 68367658 （营销中心）
经　　售	北京科水图书销售中心 （零售） 电话：(010) 88383994、63202643、68545874 全国各地新华书店和相关出版物销售网点
排　　版	北京时代澄宇科技有限公司
印　　刷	北京虎彩文化传播有限公司
规　　格	184mm×260mm　16开本　9.5印张　296千字
版　　次	2021年6月第1版　2021年6月第1次印刷
定　　价	**58.00元**

前　言

软弱结构面作为岩体的薄弱环节，往往对坝基抗滑稳定起控制作用，威胁大坝安全，并经常影响工程的设计方案、施工工期和投资。软弱结构面抗滑稳定问题是水利水电等土建工程中经常遇到的重大工程地质问题之一，也是一个持续研究的复杂问题，始终是大坝等土建工程勘察设计的关注焦点之一。据统计，因存在软弱结构面问题而被迫改变设计方案、增加工程量和投资以及进行后期加固的大坝约占总数的1/3，可见其影响和危害之大。

自20世纪50年代以来，我国陆续开发了存在软弱结构面抗滑稳定问题的一系列大中型水利水电工程，如浑江桓仁、湘江双牌、滏阳河朱庄、长江葛洲坝、滦河大黑汀、汉江安康、大渡河铜街子、白龙江宝珠寺、黄河天桥、黄河万家寨、黄河龙口等工程都存在类似问题，但每个工程都有其特别之处。坝基软弱结构面问题非常复杂，虽然已经积累了非常丰富的经验，勘察评价手段和方法等也有了长足进步，但是其空间分布难以查清，抗剪强度指标可靠性、合理性有待于进一步提高等问题仍在困扰着地质工程师。对于这样一个具有普遍性的工程地质难题，不断总结工程经验教训，持续进行深入研究是具有重要应用价值的。

万家寨、龙口水利枢纽工程位于黄河干流中游的典型宽U形河谷区托克托至龙口河段，为解决坝基缓倾角软弱结构面抗滑稳定问题，在勘察设计及施工期间做了很多勘察试验和分析研究工作，采用了不少新的勘察手段和分析评价方法，在确定缓倾角软弱结构面抗剪强度时，结合其不同位置的分类统计情况适当考虑"岩桥"的作用，对研究宽U形河谷区缓倾角软弱结构面工程地质特征、抗剪强度取值具有一定的借鉴意义。

本书试图通过万家寨、龙口水利枢纽工程缓倾角软弱结构面的研究与分析评价，对缓倾角软弱结构面的勘察试验和抗剪强度取值方法进行总结，丰富我国在宽 U 形河谷区缓倾角软弱结构面方面的勘察评价，供大家参考，希望对读者的工作有所帮助。

限于作者水平，书中难免不当之处，敬请读者批评指正。

编者

2021 年 3 月

目 录

第一章　黄河托龙段地质环境

黄河中游北干流托克托至龙口河段（简称"黄河托龙段"），一般地面高程为 1000～1500m，相对高差为 100～200m，河谷谷底宽，绝大部分都在 400～600m，宽谷但无大的川盆地，两岸是广阔的黄土高原，为典型的深切宽 U 形河谷。该河段两岸岸坡陡立，高出河水面百十米，岩层产状近水平，位于祁吕贺兰"山"字形构造的砥柱部位，具有较高的地应力环境，处在多个褶皱影响范围之内，岩体软硬相间，两岸下部和河床受到明显的地形应力集中影响，与较高的区域性构造应力相叠加，迫使河床浅部岩体进一步顺层错动弱化，这些现象是软弱结构面发育的典型环境。

黄河托龙段发育的缓倾角软弱结构面，是在构造应力作用下产生层间错动和后期风化、卸荷共同作用的结果。多发生在软（主要指泥灰岩、页岩组成的薄层岩体）硬（主要指厚层、中厚层灰岩）相间岩层接触带附近的薄层岩层内。多顺层或与层面小角度相交发育。受构造应力作用，原岩的原始结构遭到一定程度的破坏，形成裂隙、劈理较发育的集中带。组成物质为泥灰岩、页岩岩屑及泥质物，并可见到擦痕、磨光面，多呈薄片状、鳞片状和糜棱岩化。

位于黄河托龙段的已建万家寨和龙口水利枢纽工程，在前期勘察和施工期均发现存在缓倾角软弱结构面，对此进行了大量的勘察和试验研究工作，也积累了一定的经验教训，持续进行深入研究是具有重要应用价值的。

第一节　自　然　地　理

黄河托龙段位于山西、内蒙古交界处。该区域属于温带大陆性季风气候，冬季受蒙古冷高压的控制，天气寒冷且时间长；夏季受西太平洋副热带低压影响，天气热而昼夜温差大；春秋季节时间短且多风。气候干旱，年降水量为 300～500mm，多集中在 7—9 月，常为短历时的暴雨。多年平均年蒸发量约为 2000mm，最大月蒸发量集中在 4—6 月。多年平均气温为 7℃，年最高气温为 38.3℃，年最低气温为 −30.9℃，最大冻土深度为 1.92m，最大风速为 20m/s。

第二节　地　形　地　貌

河谷是河流地质作用在地表所造成的槽形地带，是在流水侵蚀作用下形成与发展的，发展演变初期以向下和向源头侵蚀为主；中期向下的侵蚀作用减弱，向河谷两岸的侵蚀作用加强；成熟期以向河谷两岸的侵蚀为主。河谷发展演变过程见图 1−1。

现代河谷的形态和结构是在一定的岩性、地质构造基础上，经水流长期作用的结果。发育完整的河谷包括谷顶、谷坡和谷底三个组成部分，有河床、河漫滩、阶地等多种地貌

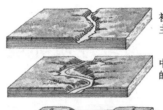

初期：以向下侵蚀和向源头侵蚀为
主，河谷横剖面呈V形

中期：向下的侵蚀减弱，向河谷两岸
的侵蚀加强，河谷出现连续的河湾

成熟期：向河谷两岸的侵蚀为主，河
谷横剖面呈U形

图 1-1　河谷发展演变过程

单元。按河谷与地质构造的关系，分背斜谷、向斜谷、单斜谷、断层谷、纵向谷、横向谷、斜向谷等；按河谷横断面的形状，分 V 形谷和 U 形谷。河谷的形态和结构，对于确定水工建筑物的位置、结构形式、枢纽布置和施工方法，以及地基处理等均有密切关系。

宽 U 形河谷，由峡谷发展而成，主要是河流的旁蚀作用造成。河谷宽阔，具有宽广而平坦的谷底，横剖面呈 U 形，结构复杂，有阶地、蛇曲、牛轭湖，两岸谷坡常不对称，有河漫滩发育。宽 U 形河谷多位于河流的中下游地形相对平坦地区，而一些大江大河的中游往往易形成深切宽 U 形河谷，如黄河托龙段，两岸多为悬崖峭壁，岸高百余米，河道呈 U 形，河床宽 300～500m，为典型的深切宽 U 形河谷。

黄河托龙段区域地处黄土高原的东部，地势北东高南西低，一般地面高程为 1000～1500m，相对高差为 100～200m，属中低山区。黄河以东（左岸）多为基岩裸露岗峦起伏的山地，黄河以西（右岸）主要为黄土覆盖的沟壑梁峁地形，见图 1-2。

（a）左岸

（b）右岸

图 1-2　黄河托龙段地貌特征

黄河是托龙段区域的主干河流，为最低排水通道，蜿蜒纵贯托龙段中部，从北西方向流入托龙段后，在托克托县的拐上附近折向南流，经万家寨、龙口水利枢纽后，在天桥水电站下游的保德与府谷交界地带流出托龙段，见图 1-3。黄河在拐上以上河道宽阔平缓，拐上至龙口河段为峡谷，两岸多为峭壁，岸高百余米，河道呈 U 形，河床宽 300～500m，河段长约 94km，落差为 117m，河道比降约为 1.24‰。龙口以下河道又渐变缓变宽。黄河在拐上至龙口河段（见图 1-4），为典型的深切宽 U 形河谷，主河道大多为基岩裸露，局部见有小范围的砂卵石层堆积，河床两侧滩地一般有砂卵石层和坡崩积物堆积，河流两岸断续分布有一～四级阶地，除一级阶地为堆积阶地外，其余均为侵蚀堆积阶地。

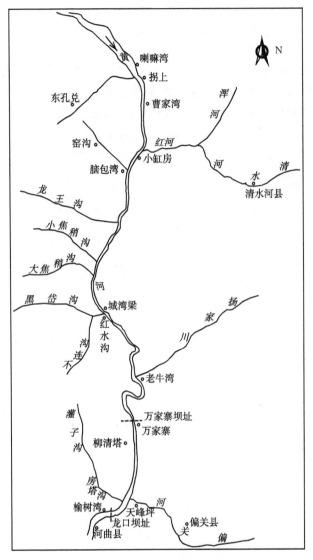

图 1-3　黄河托龙段位置示意图

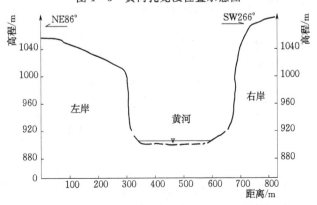

图 1-4　黄河托龙段河谷典型剖面示意图

第三节 地 层 岩 性

黄河托龙段区域地层为华北地台相，具有双重结构。基底主要由太古界的变质岩系组成，元古界地层仅局部有分布；盖层除缺失奥陶系上统、志留系、泥盆系及石炭系下统外，其余时代的地层均有分布，区域地层划分及简要描述见表1-1。

表 1-1　　　　　　　　　　黄河托龙段区域地层简表

界	时　代系	统	组（群）	代号	岩　性	厚度/m	分布情况
新生界	第四系	全新统		Q_4	冲积、洪积、风积、坡积、山麓堆积层	0～35	右岸分布广泛
		上更新统		Q_3	黄土	0～137.3	
		中下更新统		Q_{1-2}	灰色、黄绿色淤泥、粉砂互层、下部为黄绿色、亚黏土夹淤泥	0～400	
	第三系	上新统		N_2	深红色、桔红色泥岩夹13～15层钙质结核、底部为杂色黏土岩、泥灰岩	0～118	左、右岸均零星分布
中生界	白垩系	下统		K_1	红色、桔红色及杂色砾岩夹砂岩、粉砂岩	145～256	上游曹家湾以北分布广泛
	侏罗系	下统		J_1	灰白色、浅绿色粗粒石英砂岩、底部为2m厚的白色砾岩	7.9	上游右岸零星分布
	三迭系	中统	二马营组	T_2	暗紫红色厚层长石砂岩，底部有灰色砾石	248～342	黄河右岸龙王沟—府谷
		下统	和尚沟组	T_1h	棕红色泥夹长石砂岩，底部有8m厚的同生砾岩	97～250	
			刘家沟组	T_1l	灰红色巨厚长石砂岩夹石英岩和泥岩，交错层发育	352～514	
	二迭系	上统	石千峰组	P_2sh	砖红色泥岩夹细砂岩、灰岩、底部黄绿色巨厚层含砾砂岩	103～172	龙王沟以下及刘家塔沟以下黄河左岸分布最广
			上石盒子组	P_2s	紫红色砂岩、黄绿色砂质页岩，底部含砾砂岩	271～329	
		下统	下石盒子组	P_1x	紫红色泥岩，黄绿色砂质页岩，含煤线	81～167	
			山西组	P_1s	深灰色页岩、灰白色粉砂岩、灰黄色石英砂岩，含三层煤层	38.45～95	

界	系	统	组（群）	代号	岩　性	厚度/m	分布情况
中生界	石炭系	上统	太原组	C_3t	黑色页岩夹煤层、油页岩、黄铁矿	12.31～95	两岸均有分布，以右岸最广
		中统	本溪组	C_2b	黄褐色石英砂岩，黑色页岩夹四层褐铁矿，油页岩，铝土矿，石灰岩	6.59～48	
	奥陶系	中统	马家沟组	O_2m	灰色厚层灰岩夹白云质泥灰岩，底部有0.4m灰白色石英砂岩，局部含石膏	0～444	主要分布在九坪—龙口黄河岸边
		下统	亮甲山组	O_1l	灰白色厚层白云岩、下部含燧石结核，底部有三层黄绿色页岩	5～139	小缸房—小沙湾及连云港岱沟—关河口黄河两岸
			冶里组	O_1y	灰白色厚层结晶白云岩，灰绿色钙质页岩底部竹叶状白云岩	5～131	
	寒武系	上统	凤山组	Є_3f	灰色、灰黄色厚层结晶白云岩，下部有泥质条带灰岩	28.8～108	小沙湾—万家寨黄河岸边
			长山组	Є_3c	灰紫色中厚层竹叶状白云岩，夹有泥灰岩、页岩	2.3～13.63	
			崮山组	Є_3g	青灰色白云质灰岩，竹叶状灰岩夹薄层泥质灰岩，鲕状灰岩	34.62～67.56	
		中统	张夏组	Є_2z	灰色厚层鲕状灰岩夹薄层灰岩，竹叶状灰岩，生物碎屑灰岩	94.56～130.83	打渔窑子、万家寨、红树峁—欧梨咀挠曲黄河边
			徐庄组	Є_2x	紫红色、深灰色，钙质粉砂岩，夹条带状白云岩，下部暗紫色页岩	18～91.3	
		下统	毛庄组	Є_1mz	紫红色页岩夹薄层含云母细粉砂岩	35.0	上游左岸零星分布
			馒头组	Є_1m	肉红色石英砂岩夹紫色页岩底部有0.2m含砾砂岩	23.0	
				Є_1	肉红色石英砂岩		
太古界				A_r	黑云母榴石钾长片麻岩，黑云母，长片麻岩，花岗岩等		榆树湾209孔揭露

全区多被第四系堆积物覆盖。相对而言，黄河以东（左岸）基岩出露范围较广，主要为寒武系、奥陶系地层；黄河以西（右岸）广泛被黄土覆盖，基岩仅在沟谷及黄河岸坡出露，以石炭、二叠系地层为主，岸坡底部及下部常有寒武、奥陶系地层出露。寒武、奥陶系地层主要由碳酸盐岩地层组成，与工程关系密切，平均厚度约为569m，总体向西和南

西方向倾斜，倾角小于10°。该区域内黄河河谷有两段直接由碳酸盐岩地层组成。

第一段：从万家寨坝址向上游约60km的曹家湾至万家寨坝址下游的龙口坝址附近，长约87km。

第二段：从万家寨坝址下游约80km河畔村附近至其下游的天桥地段，长约12km。其余河段均为石炭、二叠系的砂岩、页岩夹煤层组成。

第四节 地 质 构 造

黄河托龙段位于华北地台山西断隆的西北部，与西侧的鄂尔多斯台坳毗邻。处于地质力学构造体系祁吕贺"山"字形构造马蹄形盾地的东部边缘。黄河托龙段区域大地构造位置见图1-5。

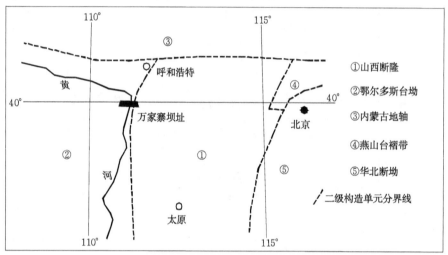

（a）大地构造分区示意图

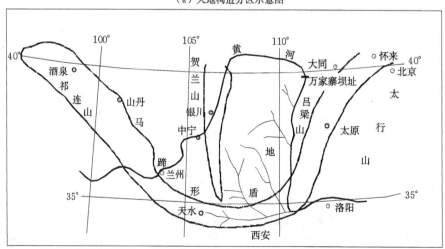

（b）祁吕贺"山"字形构造示意图

图1-5 黄河托龙段区域大地构造位置示意图

黄河托龙段主要构造线方向为北东向、北北东向，其次为近东西向及北西向。全区地层呈平缓的单斜构造，地层总体走向为北东向至北西向，倾向北西或南西，倾角一般小于10°。在平缓单斜构造基础上，发育有一系列规模大小不等、形态各异的构造形迹。主要有褶曲、挠曲及断层。主要构造形迹分布见图1-6。

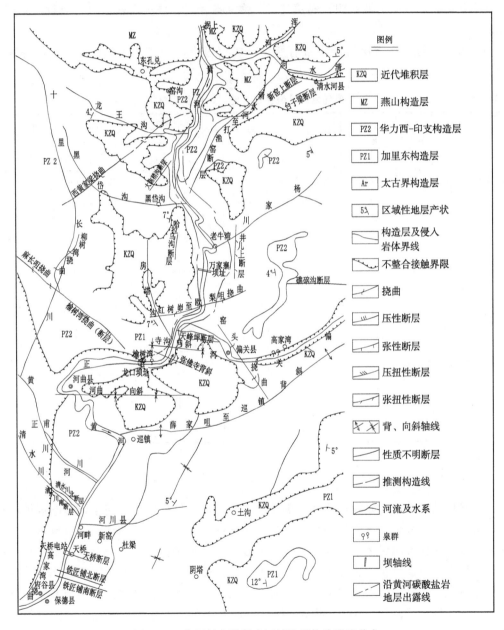

图1-6　黄河托龙段所在区域地质构造形迹分布

一、褶曲

黄河托龙段区域褶曲主要表现为以下三种形式：

（1）地层的局部隆起，即清水河—打鱼窑子断层与红树峁—欧梨咀挠曲之间地层隆起。黄河在该地段出露地层为寒武系，而其南北两侧地层相对下降，出露为后期的奥陶系地层。

（2）单个的背斜、向斜。一般规模不大，多呈两翼基本对称的平缓型，轴向多为北东向和近东西向，较大的有薛家咀—巡镇背斜、弥佛寺背斜、壕川向斜、河曲向斜，简要描述见表1-2。

（3）层间褶皱。在薄层岩层中常有所见，规模很小，产状多变化，常引起局部岩层破碎。

表1-2　　　　　　　　黄河托龙段区域挠曲、背斜、向斜汇总

序号	位置	编号	形态	轴向	倾伏方向	岩层倾角/(°)	转折点倾角/(°)	轴长/km	岩层 核部	岩层 翼部
1	红树峁—欧梨咀	2	挠曲	NEE～NNE	SE	40～70	70	23	O_2	O_2m
2	柳树湾	3	挠曲	NNE	NW	0～38	18～38	16	P_2	P_2
3	麻长咀	4	挠曲	NW320°	SW	0～75	38～65	20	P_1	P_2
4	窑头	6	挠曲	NW321°～336°	SW	21～60		＞16	O_2	C
5	打鱼窑子	9	挠曲	NE10°	NW	5～90	90	2.5	O	O
6	高家湾	8	挠曲	NE28°	NW	20～35	46	50	P_2	T_1
7	西黄家梁	5	挠曲	NE47°				12	P	P
8	窑沟	20	挠曲	NE30°				9.7	P_1	P_1
9	薛家咀—巡镇	1	背斜	EW～NE	NW	3～80	70～80	＞20	$\in$	$\in$
10	壕川	7	向斜	NE80°				6	C	C
11	弥佛寺	11	背斜	NW295°		10～40	40	2	O_2	O_2
12	河曲	10	向斜	EW				13	P	P

二、挠曲

挠曲又称膝状构造，是构造应力局部集中的结果，常与断层相伴而生，形态规模相对较大，表现明显，靠近轴部岩层多为陡倾角，甚至近于直立，距离轴部一定距离岩层产状便恢复正常。两侧影响带范围一般达数十米至百余米，延伸长度一二十公里。黄河托龙段所处内域较大的挠曲有窑头、红树峁—欧梨咀、柳树湾、麻长咀、西黄家梁等挠曲，各挠曲简要描述见表1-2。其中红树峁—欧梨咀挠曲在一定范围内控制了岩层的分布。该挠曲分布在万家寨坝址下游约10km，西端开始于黄河右岸的红树峁，呈北东东方向延伸，逐渐转为北东向，在头坪附近穿过黄河，经过欧梨咀、姑姑庵后呈北北东向，出露长度约23km。该挠曲发育在奥陶系、石炭系地层中，南东翼岩层倾角急剧变陡，向南东方向倾斜，倾角达40°～70°，局部直立，岩层一般为连续分布，局部形成断裂；北西翼岩层分布正常，产状与区域一致。红树峁—欧梨咀挠曲形态见图1-7。

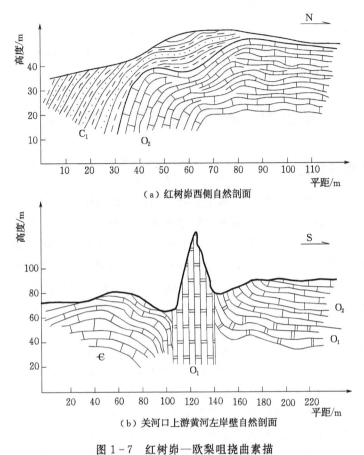

（a）红树峁西侧自然剖面

（b）关河口上游黄河左岸壁自然剖面

图 1-7　红树峁—欧梨咀挠曲素描

三、断层

黄河托龙段区域内出露较大断层有十余条，走向多为北东向和北西向，倾角较陡，多表现为张性、张扭性及压扭性。其中对河段影响较大的有清水河—打渔窑子断层（F_1）、大焦稍沟断层（F_4）、榆树湾断层（F_6）。

（1）清水河—打渔窑子断层（F_1）从万家寨坝址上游约 17km 黄河左岸打渔窑子村附近，向清水河县城延伸。断层走向 NE30°～50°，倾向 NW，倾角 34°～76°，出露长度约 22km，垂直断距最大处约 400m，断层带宽度一般为 30m，最宽处可达 300m。断层带挤压紧密，由劈理化岩块、角砾岩、糜棱岩组成，表现为明显的压扭性特征。断层上盘地层为石炭系砂页岩，下盘地层为寒武、奥陶系的灰岩、白云岩，两盘或一盘地层在断层附近有拖曳现象。

（2）大焦稍沟断层（F_4）分布在万家寨坝址上游约 23km 黄河右岸的大焦稍沟。从沟口附近呈南西方向斜切冲沟发育。常被第四系堆积物所覆盖，露头呈断续状，延伸长度约 6km。断层走向 NE50°～60°，倾向 SE，倾角 70°～80°，断距北东端为 3～5m，南西端约 80m。断层带宽度北东端为 2～3m，南西端为 15～20m，由角砾岩及碎裂岩块组成，表现为张扭性。该断层旁侧发育数条走向相近属性相同的断层，形成一组断层，使断层间的奥陶系灰岩与石炭系砂页岩迭次升降。

（3）榆树湾断层（F_6）分布在坝址下游约 30km 黄河右岸榆树湾附近，以北西方位向侯家梁一带延伸。断层走向 NW310°～325°，倾向 SW，倾角 60°～77°，出露长度约 10km，再向北西方向延伸与麻长咀挠曲相接。

第五节　新构造运动与地震

一、地质发展简史

黄河托龙段区域地质发育经历了两个主要时期：基底形成时期和盖层发育时期。

基底形成时期开始于太古代，结束于早元古代。地壳经历了强烈拗陷、频繁振荡、褶皱回返及局部升降的构造运动，形成了巨厚的浅粒岩、片麻岩、大理岩等组成的深变质岩系及由变质火山岩和火山碎屑岩夹变质陆屑沉积岩组成的中、浅变质岩系。主要构造线方向为近东西向。发生于早元古代晚期的吕梁运动，结束了地壳早期的强烈活动，使山西乃至整个华北拼合成一硬化而稳定的地块，标志着华北地台基底的形成。

从晚元古代开始，地壳进入盖层发育时期，晚元古代为盖层发育早期，受吕梁运动的影响，地壳总体处于不均衡的上升状态，在拉张应力作用下形成了一些陷落裂谷。地层以陆相碎屑岩为主，后期海侵的发生又沉积了滨海相、浅海相、海相地层，主要岩性为砂岩、页岩、灰岩等。这一时期，没有强烈的区域变质作用，构造作用和岩浆活动也相对较弱，主要构造线方向为近东西向和北北东向。古生代为盖层发育的中期，是地台的稳定发育阶段。从早期寒武世开始至中奥陶世结束，已经"准平原化"的地块从南向北发生了一次大范围的海侵，中奥陶世海侵达到顶峰，沉积了一套由砾岩、砂岩、灰岩、白云岩组成的海侵系列地层。其中以灰岩、白云岩为主的碳酸盐岩地层，总厚度达 1000m，为岩溶发育提供了物质基础。在地壳整体下降过程中，仍有短期的停顿和上升，这种振荡运动的结果形成了岩层中的竹叶状（砾状）、鲕状构造。由于氧化还原作用的影响，部分地层呈紫红色。受加里东运动的影响，中奥陶末期地壳又整体上升成陆，直至早石炭世，致使托龙段缺失了晚奥陶世、志留纪、泥盆纪及早石炭世的沉积，并使上升成陆的寒武、奥陶系地层经受了长达 1.5 亿年的风化剥蚀及溶蚀作用。早石炭世末期地壳又有间断性下降，形成了含有煤、铁、铝等矿藏的砂岩、页岩、灰岩的海陆交互相沉积。二叠纪主要沉积了湖沼相煤系地层和河湖相碎屑岩地层。二叠纪末期的海西运动使本区已经形成的南低北高的古地理特征更为明显，并开始了内部的构造分异。中生代和新生代为盖层发育晚期。三叠纪末期开始的印支运动，使整个华北地台"活化"，进入一个地壳动荡不定、构造运动频繁的时代。较为稳定的地理、地貌景观被分化瓦解，拗褶隆起成高地，或下陷为盆地。托龙段东侧上升形成山西断隆，西侧下降形成鄂尔多斯台拗。继而发生的燕山运动，使挤压为主的地壳变动越来越烈，使盖层再次经受了强烈褶皱、断裂作用，并伴生多次火山喷发和岩浆活动，形成现今高山低谷地貌的基本轮廓。形成的地层均为陆相地层，以陆相碎屑岩为主，局部夹有煤层，并有红土沉积。主要构造线方向为近南北向、近东西向、北东向及北北东向。新生代发生的喜马拉雅运动主要表现为地壳的断块升降，形成新的断陷盆地和断裂，并伴有火山喷发及地震活动，形成多种类型的陆相沉积物，主要为黄土及现代坡积、冲积、洪积物。

托龙段的骨干河流——黄河，发源于巴颜喀拉山，蜿蜒曲折流向东方，穿过华北地台注入渤海。黄河发育开始于早更新世初期，至中更新世基本形成现代河谷形态。在本区表现为：河口镇往上游两岸地形平坦，河床宽阔，属于相对下降区；拐上往下游直至龙口地段，河谷呈 U 形，两岸多为悬崖峭壁，岸高约百余米，河床宽约二三百米，多为基岩裸露，局部有河流冲积物堆积，其厚度不大，河道多急流险滩，表现出地壳上升和河流下切的态势。地壳相对上升和下降的过渡地带，大致在河口镇与拐上之间。龙口地段以下河道又渐开阔，两岸坡度逐渐趋缓，岸高也随之减小，直至流出托龙段。托龙段地壳总体上升过程中，有 4 次阶段性的停顿，黄河形成了断续分布的四级阶地。

二、新构造运动与地震

黄河托龙段区域新构造运动主要表现为地壳的垂直升降，未发现活断层。

新生界古新统-中新统地层普遍缺失，上新统沉积层以残积型红土为主，表明在古新世-中新世和上新世托龙段曾经历了两次较大规模的地壳上升运动。

从黄河沿岸地貌特征来看，区内地壳升降运动具有明显的差异性和间歇性。以喇嘛湾为界，喇嘛湾以北地区，黄河河谷宽阔，松散沉积层厚度较大，显示为相对下降区；喇嘛湾以南地区，黄河河谷深切，岸坡陡立，河床沉积物稀少，沿河见有大量半悬沟，并发育有四级阶地，岩溶也有成层分布特征，说明该地区处于间歇上升过程。

区域处于大地构造较稳定地块，历史上未发生过较大破坏性地震，周边地震影响到本区烈度不超过Ⅵ度。根据 1990 年版 1∶400 万《全国地震烈度区划图》标识，工程区地震基本烈度为Ⅵ度。根据 2015 年版 1∶400 万《中国地震动参数区划图》（GB 18306—2015）的规定，本区地震动峰值加速度为 $0.05g \sim 0.10g$，相当于地震基本烈度为Ⅵ～Ⅶ度，地震动反应谱特征周期为 $0.45 \sim 0.40s$。黄河托龙段区域地震动参数区划见图 1-8。

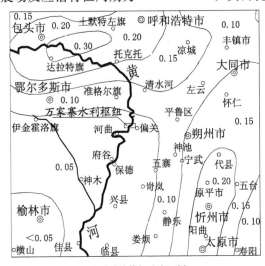

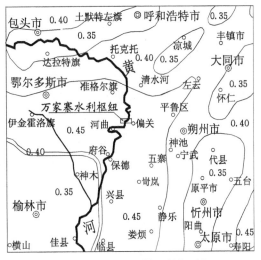

（a）地震动峰值加速度区划   （b）地震动反应谱特征周期区划

图 1-8 黄河托龙段区域地震动参数区划

第六节　水　文　地　质

黄河托龙段区域地下水可分为三大类型，即第四系冲积、洪积层孔隙潜水，第三系至石炭系地层孔隙、裂隙潜水-承压水及寒武、奥陶系地层岩溶裂隙潜水-承压水。

第四系冲积、洪积层孔隙潜水主要分布在库尾以上地段和水库下游河曲一带地形较平缓开阔地区。含水层为砂层、砂砾石层及粉质黏土层，地下水位埋藏深度为 $2\sim3m$，除接受大气降水补给外，与黄河水呈互补关系，即洪水季节黄河高水位时补给潜水，枯水季节黄河水位低时则潜水补给黄河水。

第三系至石炭系地层孔隙、裂隙潜水-承压水分布在第三系、白垩系、二叠系及石炭系的砂岩、粉砂岩及砂砾岩等岩层中。底部隔水层为石炭系底部的铝土页岩层。接受大气降水及冲积、洪积层孔隙潜水的补给，多以下降泉形式排泄于黄河或沟谷，局部有承压现象。含水层富水性一般不强。

寒武系、奥陶系地层岩溶裂隙潜水-承压水简称为岩溶地下水，是托龙段的主要地下水类型，富水性较强，但不均一。寒武、奥陶系地层为多层结构含水层，碳酸盐岩岩层为含水透水层，其间所夹的砂岩页岩为相对隔水层。区域性隔水顶板为石炭系底部的铝土页岩，隔水底板为寒武系中统徐庄组和下统毛庄组、馒头组的砂岩、页岩层。主要接受大气降水、局部接受地表水及冲洪积层孔隙潜水补给，常以下降泉形式排泄于黄河，形成泉群，局部具有承压性。

第二章　软弱结构面工程地质特征

第一节　定义与研究意义

一、定义

岩体是非均质的、各向异性和裂隙性的不连续体。在岩体中力学强度较低的部位或岩性相对软弱的夹层，构成岩体的不连续面，亦称为结构面。

岩体结构面是岩体内部具有一定方向、一定规模、一定形态和特性的面、缝、层和带状的地质界面。这些地质界面可以是无充填的岩块间的刚性接触面，如节理面、层面、劈理面、片理面等；亦可以是具有充填物的裂隙面或明显存在上、下两个层面的软弱夹层；还可以是具有一定厚度的断层、构造破碎带、接触破碎带、古风化壳等。

软弱结构面（weak structural plane）为软弱夹层、剪切带、层间剪切破碎带、泥化夹层、软化夹层、软弱层带及断层破碎带等的总称。葛洲坝、朱庄等工程称为泥化夹层，龙口水利枢纽工程称为软弱夹层，万家寨、隔河岩等工程称为层间剪切带，安康、大化等工程称为断层破碎带，龙滩工程称为软弱夹层。徐瑞春、周建军在《红层与大坝》（中国地质大学出版社，2010 年）一书中将软弱夹层、泥化夹层、软化夹层、软弱层带等统一称之为"剪切带"。

《水力发电工程地质勘察规范》（GB 50287—2016）将软弱结构面定义为"力学强度明显低于围岩，一般充填有一定厚度软弱介质的结构面"。《建筑边坡工程技术规范》（GB 50330—2013）将之定义为"断层破碎带、软弱夹层、含泥或岩屑等结合程度很差、抗剪强度极低的结构面"。《水利水电工程地质勘察规范》（GB 50487—2008），将软弱夹层定义为"岩层中厚度相对较薄，力学强度较低的软弱层或带"。以上的定义中主要描述了软弱结构面的性状，有专家认为应考虑其对稳定的不利影响，将之定义为"岩体中力学强度明显低于围岩，并对岩体稳定起控制作用的结构面"。

从以上的定义来看，软弱结构面是岩体的薄弱环节，具有复杂的形态和成因，其强度显著低于周围岩体，当产状不利时控制岩体的稳定。

缓倾角软弱结构面是岩体中一类特殊软弱结构面，一般情况下认为是倾角小于 30° 的软弱结构面，但是在岩体工程中尚还没有严格的定义。万家寨水利枢纽的层间剪切带和龙口水利枢纽的软弱夹层倾角为 2°～6°，均属缓倾角软弱结构面。

二、研究意义

软弱结构面是岩体的薄弱环节，具有复杂的形态和成因，其强度显著低于周围岩体，当产状不利时控制岩体的稳定，尤其是缓倾角软弱结构面，对坝基抗滑稳定起控制作用。

缓倾角软弱结构面的出现往往并不是孤立的和偶然的，其贯通性及组成也与一定的地形、地貌和地质背景有关，其往往正是某种特定的地形地貌和地质活动的产物。在构造应力作用下，加上后期卸荷松动、风化和地下水等多因素的作用，宽 U 形深切河谷往往在软硬相间岩层接触带附近等抗剪强度较低的层位发生层间错动，形成层间剪切带、泥化夹层等软弱结构面。

随着岩体力学研究的不断深入和发展，人们逐渐清晰地认识到岩体是具有一定结构的地质体。岩体构成部分之一的结构面，作为岩体中力学性质薄弱的部位，其在很大程度上决定着岩体的结构特征和力学特征，结构面的性质常是评价岩体稳定性参数研究的基础。岩体中的结构面在岩体抗滑稳定及抗力体岩体的稳定性评价中具有重要意义。实践经验证明，坝基内如果存在不利于稳定的软弱夹层或不稳定组合，则成为影响坝基稳定的关键因素。我国已建和正在勘察设计的大、中型水利水电工程中，地基内有软弱夹层的达 90 多座，其中由此而改变设计、降低坝高、增加工程量或后期加固的多达 30 余座，可见此问题有一定的普遍性。

软弱结构面是岩体结构面中的一种，其发育展布规律及结构特征的研究是坝址区工程地质研究的主要内容之一。一般连续性强、倾角小于 30°，特别是小于 10°、倾向上游或微倾下游的缓倾角软弱结构面，往往对坝基抗滑稳定起控制作用，是影响水利水电建设的关键问题。但不同地区因地层岩性、原岩结构、构造作用强度、地下水等地质环境的不同，软弱结构面的工程地质性状有很大差异。如万家寨水利枢纽工程坝基分布的层间剪切带，主要发育在软硬相间的相对软弱岩层内或二者界面附近，原岩结构遭到一定程度的破坏，多具二元结构，组成物质以岩块、岩片、岩屑及岩屑泥为主，一般厚度不大，总体呈断续延伸等。

总之，缓倾角软弱结构面作为岩体中的薄弱环节，需根据软弱结构面所处地质环境，采用针对性的勘察手段、测试和试验方法，提出科学合理的抗剪强度指标，进行深入研究是非常必要的。

第二节　成　因　与　分　类

软弱结构面是地质历史的产物，与成岩条件、构造作用、风化卸荷和地下水活动等密切相关，按其成因一般可分为成岩作用型、构造作用型、次生作用型三种类型。

一、成岩作用型

成岩作用型主要指成岩过程中，在坚硬岩层间所夹的黏粒含量高、胶结程度差、力学强度低的软弱岩层，是由于岩体在成岩过程中构成岩石的物质来源及构造韵律变化所形成的软弱结构面，在沉积岩、变质岩及火成岩三大岩类中均可见到。其往往具有成层条件好、层次多、有韵律、分布广、厚度较大、延伸远、产状稳定且与岩层产状一致等特点。

二、构造作用型

构造作用型指岩层在构造作用下形成的软弱夹层。一种是岩体在构造应力作用下，沿软硬岩层接触带或软岩内部发生层间剪切错动；剪切错动带受到多期构造变动而发生剪切破坏，形成大量细颗粒物质和节理，经地下水的渗透和物理化学作用而使原生夹层软化、泥化形成软弱夹层。另一种是指构造作用形成的断层破碎带经泥化、软化而形成的软弱夹层。

三、次生作用型

次生作用型指原生软弱夹层、蚀变破碎带、次生矿物充填的节理等在岩浆活动、风化卸荷、地下水等外营力作用下，产生泥及碎屑物质而形成的软弱夹层。这类夹层多分布在浅表地层，往往受地形、水文地质、岩性及原生软弱夹层或软弱带发育情况所控制，常呈局部软化或泥化，黏粒含量和含水量较高。次生作用型软弱夹层往往产状不稳定、厚度变化大、成层条件不好，主要分布在风化卸荷带或地下水循环带内，从地表向下逐渐变薄，到卸荷带以下则消失。

第三节 结 构 特 征

一般受构造剪切作用的软弱结构面具有较明显的分带性，并具有擦痕、镜面、阶步等剪切特征。典型的构造性软弱结构面常包含有三种不同的构造影响部位或者称为三元结构，一般称为节理带、劈理带和错动带（主剪切带），而泥化主要发生在错动带，故错动带通常也称为泥化带，见图 2-1。有时坚硬的灰岩、砂岩中有时夹有软弱的薄层页岩或泥灰岩，夹层的强度很低，错动磨蚀剧烈，且地下水活动强，形成的软弱结构面往往没有完整的三元结构，劈理带、节理带缺失或者厚度很小，部分甚至只有泥化带存在。

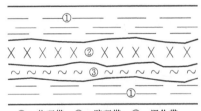

①—节理带；②—劈理带；③—泥化带

图 2-1　软弱结构面典型结构示意图

由于所受的构造破坏和地下水的物理化学作用不同，三者在结构和性状上有明显的差别。

（1）节理带是构造影响较轻的部位，一般呈片状、块状，原岩内部结构遭到轻微破坏。从微观角度看，它仍然保持了原岩的结构特点，粒团之间的排列较致密，干密度也较大；其中的胶结物质在岩化（陈化）过程中，经过沉淀、胶凝、结晶之后，将黏土颗粒和粒团包裹起来，充填在孔隙和裂隙中，使颗粒或粒团之间的物理化学黏结比较牢固，不仅有较高的结构强度，表面活性也大为减弱，比表面和吸附性能都比较小。因而黏土矿物等高分散物质处于一种活性较低的物理化学状态之中，对环境因素（如水分等）的影响不敏感。

（2）劈理带的原岩结构已受到较严重的构造破坏，一般呈碎片、碎屑状，排列方向与上下岩层呈小角度相交或平行，局部排列无序。由于原岩结构已经受到较严重的破坏，在劈理带中出现了与构造应力相适应的"新"结构，微裂隙极其发育是其主要特征。粒团之间的黏结力被破坏，呈较松散的紊乱排列，粒团本身也支离破碎，其中片状颗粒呈边-面、边-边的疏松排列。随着粒团之间和粒团内部的黏结被破坏，表面活性得以恢复，出现了比节理带或原岩还要强烈的吸附性质；而微裂隙的发育，又为强度降低和促进变形的吸附效应创造了良好条件。

（3）泥化带是遭受过剧烈错动（有的不止一次）的部位，错动产生的位移使原岩结构被破坏，形成与构造应力相适的剪切变形的结构。按其特征可细分为两个亚带：①粒团定向排列亚带，通常含有两个以上明显的构造擦痕和定向条带的主剪切面，厚度为 $10 \sim 300 \mu m$，其中粒团沿构造剪切方向呈平行定向排列；②粒团非定向排列亚带，是微裂隙较劈理带更为发育的密集部位，其中粒团受到位移牵动的影响，粒团之间往往呈"点"接触的松散紊乱排列。

泥化带中粒团因剧烈构造错动而受到剪损或研磨作用，故其黏粒含量通常都高于其他部位，从而使其比表面和吸附性大为增高。同时，黏土矿物等高分散物质的表面活性也得到较充分的恢复或加强，能强烈地吸附周围水分（这也是错动带含水量异常增大的主要原因），导致粒团和颗粒表面及其所吸附的阳离子水化程度大为增高，形成了较发育的表面溶剂化层。泥化错动带是含水量高、干密度小、强度低，易于屈服的弹黏性结构分散体，具有一系列特殊的工程性质。

第四节　物　质　组　成

软弱结构面的物质组成是指颗粒组成、矿物成分和化学成分等，是影响软弱结构面工程性质的根本因素。

一、颗粒组成

徐国刚（1994）对小浪底、龙门、绩口和军渡等坝址选取数百组软弱结构面进行了颗粒分析，颗粒分析曲线见图 2-2。颗粒分析曲线主要表现三种类型。根据颗分曲线特征、土工分类方法以及各粒组含量，将软弱结构面划分为全泥型、泥夹碎屑型和碎屑夹泥型，各类型软弱结构面颗粒度成分见表 2-1。

表 2-1　　　　　　　　　　　各类型软弱结构面颗粒成分　　　　　　　　　　%

软弱结构面类型	颗粒含量/%		
	黏粒（<0.005mm）	粗粒（>2mm）	砾砂组（>0.05mm）
全泥型	>30	<10	<40
泥夹碎屑型	20~30	10~20	>40
碎屑夹泥型	<20	>20	>40

注　本表引自：徐国刚的《红色碎屑岩系中泥化夹层组构及强度特性研究》，人民黄河，1994。

贺如平（2003）研究溪洛渡水电站坝区有代表性的层间层内错动带的颗粒成分，见图 2-3 和表 2-2。从颗粒组成上分析，绝大部分错动带大于 0.1mm 粒径的含量均在 90% 以上，黏粉粒含量极少。角砾类含量普遍大于 50%，分类定名为含屑角砾型。从天然干密度和孔隙比参数分析发现，颗粒粒径组成偏粗的软弱结构面，其天然干密度普遍要高于颗粒粒径组成偏细的软弱结构面。

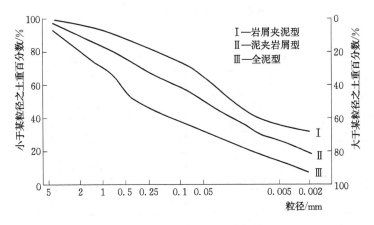

图 2-2　软弱结构面颗分曲线

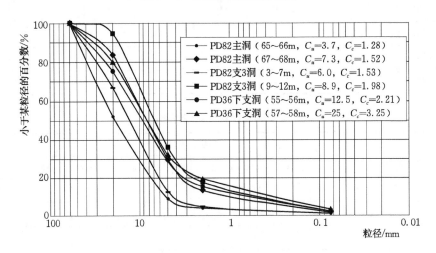

图 2-3　溪洛渡水电站层间错动带的颗粒成分曲线

表 2-2　　　　　　　溪洛渡水电站层间错动带物理性质试验成果

试验编号	代表层位	风化状况	颗粒组成/%				
			60~20mm	20~5mm	5~2mm	2~0.075mm	<0.075mm
PD82 主洞	$P_2\beta_6$	强	48.09	42.64	5.18	3.11	0.98
PD82 主洞	$P_2\beta_6$	强	16.42	53.81	16.58	12.09	1.10
PD82 支 3 洞	$P_2\beta_6$	弱	33.04	53.98	7.99	4.38	0.61
PD82 支 3 洞	$P_2\beta_6$	弱	5.30	58.22	19.15	15.93	1.40
PD36 下支洞	$P_2\beta_8$	弱	24.94	45.76	14.27	12.66	2.37
PD36 下支洞	$P_2\beta_8$	弱	19.99	47.46	13.19	16.43	2.93

注　本表引自：贺如平的《溪洛渡水电站坝区岩体层间层内错动带现场渗透及渗透变形特性研究》，水电站设计，2003（02）。

万家寨坝基层间剪切带颗粒分析成果见表 2-3，龙口坝址泥化夹层颗粒分析成果见表 2-4。

表 2 - 3　　　　　　　　　万家寨坝基层间剪切带颗粒组成

样品编号	颗粒组成/%		
	砂粒（0.05～2mm）	粉粒（0.005～0.05mm）	黏（＜0.005mm）
SCJ07 - 1	21.2	36.3	42.5
SCJ07 - 4	50.0	24.2	25.8
SCJ08 - 1	42.0	34.2	23.8
SCJ08 - 4	26.3	31.6	42.1
SCJ07 - 3	51.4	22.3	26.3
SCJ07 - 2	57.0	24.0	19.0
SCJ01 - 1	43.9	30.0	26.1
SCJ01 - 2	37.1	30.0	32.9
SCJ07 - 1	61.9	8.4	29.7
SCJ08 - 1	41.9	23.6	34.5
SCJ10 - 1	31.9	37.2	30.9

表 2 - 4　　　　　　　　　龙口坝址泥化夹层颗粒组成

样品编号	颗粒组成/%			
	砾粒（＞2mm）	砂粒（0.05～2mm）	粉粒（0.005～0.05mm）	黏粒（＜0.005mm）
NJ307	29.5	26.9	31.1	12.5
NJ306	34.4	20.9	34.1	6.6
NJ306 - 2		59.1	24.8	16.1
NJ305	3.9	46.6	23.5	26.0
NJ305 - 1		57.5	22.2	20.3
NJ304 - 2		49.4	31.6	19.0
NJ304 - 1		36.8	44.9	18.3
NJ304	11	24.2	28.5	36.3
NJ303	40.5	21.3	19.7	18.5

　　软弱结构面的颗粒组成随着岩性、构造部位、风化卸荷程度而变化，即使同一条结构面，不同部位其颗粒成分也可能有较大不同。如龙口 PD27 号平洞揭露的 NJ304 较为典型：19.7m 长的洞段，岩屑夹泥段长 2.6m，占总长的 13％，岩屑含量约 60％；泥夹岩屑段长 11.65m，占总长的 60％，其中岩屑含量为 30％～50％；泥质段长 5.45m，占总长的27％，均处于弱风化卸荷带范围，含有大岩屑。弱风化及卸荷带深度为 9.4m，在此范围内，夹层泥化程度明显较高，除少量大颗粒岩屑外，基本为泥质，而进入新鲜岩体中，夹层颗粒组成突变，岩屑含量明显较高，甚至出现岩屑夹泥段，见图 2 - 4。

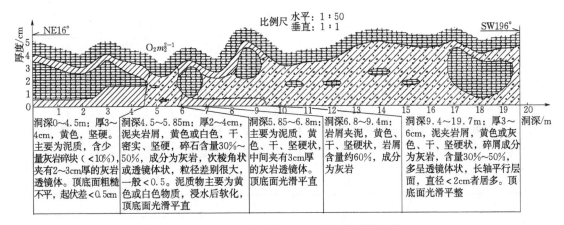

图 2-4 PD27 号平洞 NJ304 泥化夹层剖面图

二、矿物成分

徐国刚（1994）对小浪底、龙门、碛口和军渡等坝址选取数百组软弱结构面进行了矿物成分分析，通过对软弱结构面样品进行偏光显微镜下薄片鉴定、差热分析、X-射线和电镜扫描分析，黏土矿物以伊利石为主，含高岭石、绿泥石、埃洛石、褐铁矿和蒙脱石，碎屑矿物主要为石英、长石、云母和方解石，见表 2-5。

表 2-5　　　　　　　　泥化夹层矿物成分分析结果

取样地点	试验组数	差热分析法、X-射线法、扫描电镜综合鉴定			比表面积 / (m^2/g)
		主要矿物	次要矿物	碎屑矿物	
小浪底	13	伊利石	高岭石、褐铁矿、绿泥石	石英、长石、云母、方解石	
龙门	9	伊利石	绿泥石、高岭石、蒙脱石	石英、长石	106~239
碛口	5	伊利石	高岭石、埃洛石、绿泥石	石英、长石、云母、方解石	

注　本表引自：徐国刚的《红色碎屑岩系中泥化夹层组构及强度特性研究》，人民黄河，1994。

万家寨坝基软弱结构面中的岩屑泥为岩屑、岩粉、粉土（或重壤土～黏土）的混合物，主要矿物是方解石、伊利石；化学成分以 SiO_2、CaO、Al_2O_3、K_2O 为主，阴阳离子含量均不高，见表 2-6。

表 2-6　　　　　　　　万家寨坝基软弱结构面矿物成分

样品编号	碎屑矿物	黏土矿物相对含量/%	
		水云母	绿泥石
SCJ07-1	方解石为主，石英为次，透长石少量	83	17
SCJ07-3	石英为主，透长石为次，方解石少量	83	17
SCJ07-4	方解石、石英、透长石三都含量基本相等	82	18
SCJ08-1	方解石为主，石英为次，透长石少量	81	19

续表

样品编号	碎屑矿物	黏土矿物相对含量/%	
		水云母	绿泥石
SCJ08-2	方解石为主，石英为次，透长石少量	83	17
SCJ08-4	方解石为主，石英为次，透长石少量	83	17

龙口坝基泥化夹层中岩屑的矿物成分主要为方解石和白云石，与围岩相同；泥质物的矿物成分主要为伊利石，局部含有微量或少量的高岭土和蒙脱石，见表2-7。

表2-7　　　　　　　　　　　　龙口坝基泥化夹层矿物成分

泥化夹层及编号	层位	取样地点	矿物成分
			综合
NJ308	$O_2m_2^{2-5}$	岸坡、PD18	伊利石为主，少量水云母—蒙脱石、高岭石
			方解石、伊利石、氧化铁
NJ307	$O_2m_2^{2-4}$	岸坡PD2、PD17	伊利石为主，少量高岭石
			方解石、伊利石、蒙脱石
NJ306	$O_2m_2^{2-3}$	岸坡、PD16、SJ01	伊利石为主，微量绿泥石
			方解石、伊利石、白云石、氧化铁
NJ306-1	$O_2m_2^{2-3}$	PD16、岸坡	伊利石、方解石
NJ305	$O_2m_2^{2-2}$	岸坡、PD1、SJ01、SJ02	伊利石为主，少量水云母—蒙脱石混层
			伊利石、方解石
NJ304		SJ02	方解石、伊利石、高岭石、氧化铁、铁矿石膏
NJ304-1		SJ02	方解石、伊利石
NJ304		岸坡、PD4、TK3、SJ01	伊利石为主，少量水云母蒙脱石混层
			方解石、伊利石、氧化铁
NJ303	$O_2m_2^{2-1}$	岸坡、PD5、PD14、SJ01	伊利石主为，少量水云母蒙脱石混层
			方解石、伊利石、伊利石—蒙脱石过渡、菱铁矿石
NJ302		引黄洞、岸坡	伊利石为主，少量水云母—蒙脱石不规则混层、高岭石
			方解石、伊利石
NJ301		PD18、岸坡	伊利石为主，少量绿泥石
			方解石、伊利石、氧化铁

三、化学成分

王桂容（1987）、王东华（1986）根据试验分析成果，总结了软弱结构面的化学成分，认为主要是 SiO_2、Al_2O_3、FeO_3、MgO、CaO、Na_2O、K_2O 等，其他成分甚少，见表2-8和表2-9。SiO_2 的含量在各地的夹层中变化较小，而 CaO 与 MgO 的含量在碳酸盐区夹层中含量较高，可达 $30\%\sim40\%$，Na_2O 和 K_2O 在有些软弱结构面中含量甚微。

表 2-8 软弱夹层化学成分含量范围

特征值	化学成分/%						
	SiO_3	Al_2O_3	Fe_2O_3	MgO	CaO	Na_2O	K_2O
范围值	45~65	13~22	3~8	1.5~3	0.8~2	0.5~1	0~5
平均值	52	14	5	2	1.4		

注 1. 本表引自：王桂容的《关于软弱夹层几个主要工程地质问题的研究现状》，水利水电技术，1987（11）。

2. 范围值是指多数软弱夹层的含量值。

表 2-9 宝珠寺水电工程软弱结构面黏粒化学成分左右岸对比 （%）

夹层编号	部位	SiO_2	Al_2O_3	Fe_2O_3	FeO
D1	左岸	47.04	24.55	8.63	0.12
	右岸	51.76	22.61	6.74	0.23
D6	左岸	52.80	21.06	6.68	0.45
	右岸	56.52	19.86	3.21	1.35

注 本表引自：王东华的《宝珠寺水电工程坝址区泥化夹层的工程地质研究》，西北水电，1986（02）。

万家寨坝基层间剪切带和龙口坝基泥化夹层中泥质物的化学成分主要为 SiO_2、Al_2O_3 和 CaO，Fe_2O_3 和 MgO 含量较少。SiO_2、Al_2O_3 和 Fe_2O_3 总量为 $40\%\sim60\%$，CaO 和 MgO 总量为 $10\%\sim27\%$。

第五节 水 理 性 质

软弱夹层的膨胀量与膨胀力，主要与黏土矿物成分和微结构面的发育程度有关。以伊利石和高岭石为主、微结构面不发育的夹层，膨胀量一般小于 1%；而以蒙脱石为主的夹层，膨胀量可达 8%，其中钠蒙脱石的膨胀量大于钙蒙脱石。如夹层被扰动后，膨胀量和膨胀力明显增加。

软弱夹层具有明显渗流层状分带现象和渗流集中的特点，各带的渗透性差别很大。泥化带渗透系数很小，约为 $10^{-5}\sim10^{-9}\,cm/s$，是不透水的；劈理带的渗透系数约为 $10^{-3}\sim10^{-5}\,cm/s$；节理带（或影响带）渗透系数大于 $10^{-3}\,cm/s$，透水性良好。夹层的渗透破坏部位往往发生在泥化带与劈理带和岩石的界面上。据葛洲坝工程对典型夹层（202、308 夹层等）进行渗透破坏试验的结果表明，渗透破坏有两种形式：一种是沿裂隙的机械管涌破坏，根据现场试验结果，其渗透破坏比降为 3.5~5；室内试验则为 4~10；另一种是爆发式挤出破坏，这是在夹层上、下岩体较完整，裂隙闭合，透水性弱时产生的，渗透破坏比降高达 30 以上。

软弱夹层可用亲水性指标（液限含水量与黏粒含水量之比）来判断夹层性质的好坏。亲水性指标大于 1.25 为较差的夹层；亲水性指标为 0.75~1.25 为中等的夹层；亲水性指标小于 0.75 则为较好的夹层。

第六节　物 理 力 学 性 质

不同地区泥化夹层的物理力学特性和规律不尽相同，主要是由夹层内物质成分、结构特征、上下界面形态决定的。泥化夹层内泥化带与相邻上下部位岩体在物理力学性质上有明显的差异性。泥化带黏粒含量较高，一般大于 30%，含量高低随母岩不同而变化。在黏土岩、页岩等黏粒含量较高的夹层中，泥化带的天然含水量常大于塑限。不同矿物成分的泥化夹层，其物理力学性质亦有明显的差别。

表 2-10 所列为葛洲坝工程不同类型泥化错动带的某些特性指标，夹层的母岩分别为粉砂质黏土岩和黏土岩。以伊利石为主的泥化带天然含水量、塑限、流限都比以蒙脱石为主的泥化带低；而干密度、峰值抗剪强度则相反。

表 2-11 列举了国内部分工程泥化夹层的室内土工试验和现场试验抗剪强度值及其相应层位的主要物理性质指标。可以看出，在夹层上下层面较平直、其厚度较大的情况下，室内与现场试验的峰值摩擦系数比较接近。岩性不均一，夹层中有角砾、岩屑时，室内土工试验值偏高，需要进行现场试验。

根据有关工程的经验，可按充填夹泥的厚度、充填度（t/h）大小采用不同的试验方法，当 $t/h \geqslant 1$，且泥厚大于 5cm 时，可采取原状土做室内试验；当 $t/h < 1$ 时，应进行现场试验。

表 2-10　　　　　　　　　　　不同类型泥化错动带的性质

泥化夹层编号	黏土矿物组成	CaCO₃含量/%	比表面积/(m²/g)	阳离子交换量/(mg当量/100g)	小于0.002mm粒级含量/%	天然含水量/%	天然干密度/(g/cm³)	流限/%	塑限/%	室内抗剪强度 c/kPa	室内抗剪强度 φ	备注
Ⅰ	以伊利石为主，其次为绿泥石、蒙脱石	7.33~10.86	90~101	11.32~17.38	32~40	21~25	1.63~1.75	31~33	16~19	21	13.5	202夹层
Ⅱ	以蒙脱石为主，其次为伊利石、绿泥石	0.73~7.81	261~368	47.84~67.58	34~61	34~49	1.18~1.37	55~72	30~40	13	11.0	303夹层

注　本表引自：彭土标等的《水力发电工程地质手册》，中国水利水电出版社，2011。

表2-11 国内部分泥化夹层的抗剪强度和物理性质

工程	夹层编号及地质特征	剪切部位	室内试验(峰值)		现场试验(峰值)		天然含水量/%	干密度/(g/cm³)	液限/%	塑限/%	塑性指数	粒级含量/%				备注
			f	c/kPa	f	c/kPa						>0.05 mm	0.05~0.005 mm	<0.005 mm	<0.002 mm	
葛洲坝	202夹层，厚10~30cm，原岩为粉砂质黏土岩，泥化带厚0.2~2cm，上下界面平直	松软黏土岩	0.28	67			9	2.30	26	15	11	18	48	34	16	
		泥化层	0.24	20	0.23	63	23	1.75	32	18	14	12	36	52	36	
	308夹层，黏土质粉砂岩，节理厚30cm，黏土岩节理带厚10~15cm，劈理带泥化层，厚5~7cm	软弱粉砂质黏土岩	0.46	45			10	2.13	34	8	16	16	48	36	20	
		泥化带理面	0.19	13			41	1.27	63	36	27	10	30	60	40	
		劈理带	0.22	32												
彭水	303夹层，原岩为泥质页岩，夹薄层灰岩岩透镜体，厚2~24cm，泥化层厚1~2cm，夹方解石碎屑	泥化带	0.51	1	0.50	40			29.7	14.5	15.2	27	24	49		据长办四队（长办即长江水利委员会的前身）
岩滩	F₆₅辉绿岩体岩脉和蚀变岩形成的风化泥化破碎夹层厚10~35cm	破碎带	0.50	70	0.46	90	17.5	1.74	29	0.6	8.4	66.2	22.8	11		据广西水电勘测设计院

续表

工程	夹层编号及地质特征	剪切部位	室内试验（峰值）		现场试验（峰值）		天然含水量/%	干密度/(g/cm³)	液限/%	塑限/%	塑性指数	粒级含量/%				备注
			f	c/kPa	f	c/kPa						>0.05 mm	0.05~0.005 mm	<0.005 mm	<0.002 mm	
小浪底	黏土岩、页岩与砂岩砂岩互层型（A），厚0.5~6cm；泥夹角砾型（B），厚1~4.5cm；泥夹粉砂型（C），0.1~1.5cm；泥膜型（D），<0.1cm；角砾夹泥型，0.3~1.0cm	全泥型	0.249	13	0.204	15	1.2	1.97	27.3	16.3	11	33.0	34.3	32.7		据水利部黄河水利委员会
		泥夹角砾型	0.268	7	0.214	S						32.9	31.2	35.5		
		泥夹粉砂型	0.351	11	0.280											
		泥膜型	0.364	12	0.380	8						40.6	39.2	20.2		
		角砾夹泥型	0.352	15												
五强溪	板岩泥化，厚10~30cm，其中泥化带厚2~8cm	F1夹泥带	0.23	3	0.22	28	13.9	1.94	22.5			72.7	13.7	13.6		
		PN破碎夹泥层	0.32	16	0.36	57	14.9	1.86	24.5			63.8	20.7	15.5		
		P破碎夹层			0.56	152	19	1.68	32	19	13	28	38	34		
		泥化带	0.31		0.31	10	13.4	1.86	29.7			47	29	24		
铜街子	C5夹层厚20cm，泥化层厚0.1~2.5cm，与围岩接触面较平直	泥化带	0.32	10	0.30	18	19	1.88	29	18	11	46	16	38	27	

注　本表引自：彭土标等的《水力发电工程地质手册》，中国水利水电出版社，2011。

第三章 软弱结构面勘察

第一节 勘 察 原 则

一、注重成生环境研究

对于软弱结构面空间分布的勘察研究，应首先对成生环境进行分析，特别是构造环境、成岩环境、水文地质环境和应力环境等。

层间剪切破碎夹层等构造成因的软弱结构面，其形成与大的构造环境密不可分。舒缓的褶皱附近易于形成范围大、连续性好的层间软弱结构面，见表3-1。黄河万家寨坝址位于红树峁—欧梨咀挠曲和打渔窑子挠曲之间，龙口坝址位于榆树湾挠曲的西南翼，见图3-1，坝址地层产状平缓，但层间错动强烈，软弱结构面发育。

表3-1 部分存在软弱结构面抗滑稳定问题的工程坝址构造位置

序号	工程名称	坝址构造位置
1	高坝洲	长阳复背斜东端南翼
2	隔河岩	津洋口向斜南翼
3	向家坝	立煤湾挠曲范围
4	龙爪河	龙爪河向斜西翼
5	铜街子	喻坝背斜末端
6	万家寨	打渔窑子挠曲附近
7	龙口	榆树湾挠曲和弥佛寺背斜之间
8	葛洲坝	宜宾单斜范围
9	精河二级	东特京背斜南翼
10	朱庄	单斜

对于应力环境的研究容易忽视，深切峡谷地区局部地应力集中或异常，易于在河床形成小的褶皱构造和层间软弱结构面。万家寨坝址，在河床表层有一系列舒缓的小褶皱，影响深度约5m，两翼倾角一般小于10°，长轴方向与河谷一致。褶皱发育位置层间剪切带数量多、泥化程度高、厚度大，而在两岸位置剪切带或尖灭或性状有明显好转。类似的情况在朱庄坝址、铜街子坝址、龙口坝址均有发现。其形成机理在于，两岸岩体在应力作用下向河床挤压，而河床岩体向上的松弛卸荷，在两方面因素的共同作用下，在河床形成小背斜、向斜和穹隆构造，同时形成新的层间剪切带或恶化已有剪切带的性状，对结构面空间分布、性状产生直接的影响。

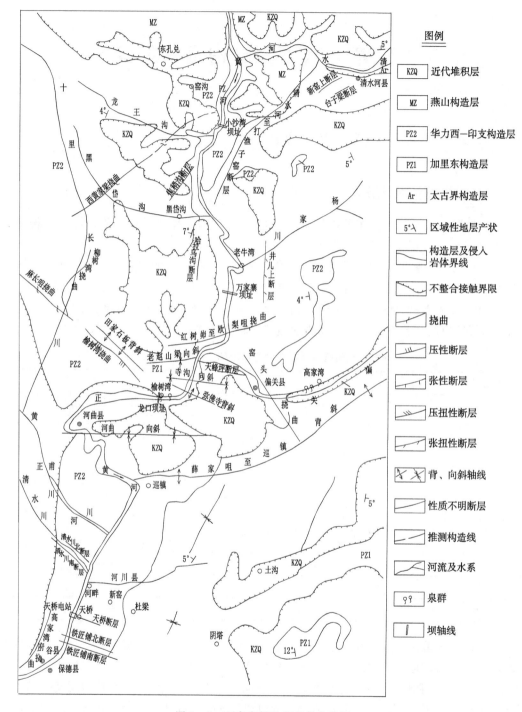

图 3-1 万家寨坝址所处构造位置

规模较大的软弱结构面可能会被断层错断，其规模、性状会有大变化，如滦河大黑汀水利枢纽的 F_4 断层。因此，当结构面被错断时，断层两侧应该有勘探点控制。

对于软弱结构面来说，风化的影响往往是负面的，风化带中的结构面泥化程度明显较高，甚至其中的岩屑也有不同程度的风化。考虑到抗剪强度对细颗粒含量很敏感，风化作用的影响是不容忽视的，河床浅部和两岸坝肩部位是薄弱环节。除此之外，选择性风化也是需要特别注意的问题。

岩溶作用对软弱结构面的影响有些特别，存在两个极端倾向。一方面表现为构造破碎成因的软弱结构面经过岩溶作用，泥化程度明显很高，在水下时近于饱和状态，其抗剪强度非常低。另一方面，表现为两种有利的变化：一是岩溶作用使得结构面围岩顶底面上形成钙华，钙华与围岩紧密结合在一起，朝向夹泥一侧且非常粗糙，甚至置换了部分夹泥，这明显会提高结构面的抗剪强度；另一个有利的变化是破碎物质重新钙化成岩，完整性和强度接近弱胶结的砾岩，几乎不能再称之为软弱夹层了，见图 3-2。

图 3-2 岩溶作用形成钙华

以上现象在碳酸盐岩地层可以见到，使得结构面的厚度、起伏度、泥化程度等在咫尺之间发生巨大变化。泥化程度较高的变化和钙华的形成易于理解，而重新钙化胶结情况尚不能单纯以岩溶作用来解释。对于此类结构面，其抗剪强度指标的确定必须在较大范围内加权综合考虑，不能局限于一点。

二、因地适宜选择勘察方法

软弱结构面的勘察方法多样，选择余地较大，在考虑勘察阶段、软弱结构面埋藏条件的同时，还应考虑交通运输、造价等方面的因素，以获得最佳的技术经济效果。河床等地形平缓的地区，结构面出露不佳，在前期勘察阶段主要采用常规口径钻孔结合孔内电视、声波测井以及探井、大口径钻孔等手段；在施工阶段，部分结构面可能有揭露或发现新的结构面，因此，大比例尺全面详细的测绘和调查也具备了条件。具有陡峭地形条件的边坡，主要采用地质测绘和陆摄、探槽和探坑及探洞等方法，深部地质现象的探查以探洞为主。如万家寨水利枢纽工程前期勘察阶段结合地形条件和当时的勘探技术，主要采用常规口径钻孔结合孔内电视、声波测井和探井；施工阶段则结合开挖断面进行大比例尺地质测绘，利用开挖基坑布置勘探钻孔，进行孔内声波测井、孔间声波对穿测试和孔内电视录像，进一步查明了坝基软弱结构面的空间分布和性状。

河流水文条件、交通运输条件、场地条件对于勘察方法的选择具有限制作用，在前期策划过程必须充分注意。大口径钻探设备笨重，对交通和场地条件要求较高。水上钻探钻机难以稳定，常规钻孔采取软弱结构面样品效果很差。

英国标准《场地勘察实施规范》（*Code of Practice for Site Investigation*）（BS 5930—1999）也提出，勘察方法选择应考虑场地条件、环境和生态因素，其有关规定说明了类似的观点，以下摘录其中的一些规定供参考：

地形、地貌特点、地表水、既有建筑物或其他结构物均可能影响钻探、触探、原位测试设施等的搬迁进场，或干扰物探测试。例如，如果表层岩土层很松软，就只能通过很轻的设备。但当轻型勘探方法不适合时，就应为较重型设备的进场修筑道路。边坡极陡的露天场地，可能有必要修建一条进场公路，将装备吊到坡下或牵引上来。如果作业地点位于陡坡上，则必须通过开挖或搭脚手架形成一个水平工作面。进场道路上有水时，会出现某些特殊问题。如有建筑物或其他构筑物阻碍场地内交通，可能需要拆除墙体以便进场，也可以用吊车把设备提越障碍物，或者采用适合在有限空间内使用、能拆卸的特殊装备，用人工扛抬越过建筑物。既有建筑物内的勘察一般采用向下铣削的钻具、便携式取样设备或人工开挖。这种情况下，勘察深度通常很有限。

应考虑环境和生态因素，这会限制勘探点的布置和勘探设备的选择。某些钻探方法和原位测试需要用水。抽取钻探用水可能会受法律约束，在英国颁布的有关申请抽水许可证的通知中有相关规定。英国1963年颁布的《水资源法》制定了任何自然水源地的取水许可规定。对于无合适水源地的场地，必须安排临时供水，一般通过输水管抽水供给或用送水车运水。当供水问题成为一主要难题时，宜考虑其他替代方法，例如回转钻进用气洗来代替水洗。

在已建成的建筑物区内勘察，需要避免噪声污染，限制工作场地范围，用临时围墙或安全护拦将作业范围圈起来，这些都会制约勘察方法的选择，影响勘察工作的进行。地面障碍物和埋在地下的设施也会干扰物探测试并限制钻探的使用。

大部分岩体的性质在很大程度上取决于结构面的几何形状和性质。这就需要根据预计的施加应力方向确定主要结构面的工程性质。土体的强度和变形特征受结构面控制的程度没有岩体明显，但可能同样重要。

目前尚无满意的钻探技术可确保在整个钻进深度范围内使取出的岩芯定向。土层中的结构面经常在钻进过程中受破坏而看不到。当结构面对所存在的工程问题来说是重要因素时，有必要在原位揭露结构面，获得有关其产状和性质的资料。继初步勘察阶段航片解译、地表露头编录、垂直孔和倾斜孔钻进之后，可通过全面开挖、大直径钻孔、探槽、试坑或平洞开挖等，对未扰动的岩土体进行肉眼观察和进行相关结构面的量测，有时可以利用永久工程的开挖面。在这些开挖面中可选取或原位制备定向的试验样品，进行定向的大型试验。开挖面的走向控制着其与结构面的交切关系，从而控制了可获得的结构面资料。一般来说，完全确定一个结构面的空间分布情况需要三个相互垂直的开挖面，开挖范围则取决于结构面的发育程度和工程的规模。

三、保证足够的勘察精度

坝基中缓倾角软弱结构面的重要性不言而喻，与未能查清问题所产生的不利影响相比较，投入的勘探工作量和费用甚至微不足道。尤其不能有侥幸心理，不要想当然，应本着用事实说话的原则来考虑此类问题。

勘探布置要考虑软弱结构面空间分布与性状特征的稳定性和规律性。顺层发育的原生型和构造型的软弱结构面，空间分布规律性较强，其分布随岩层产状变化。因此，此类结构面控制勘探精度的因素主要是结构面的性状，查明不同部位结构面的厚度、泥化程度、起伏特征和强度特性是主要目标。

河床部位的缓倾角层间剪切破碎夹层，有一种情况需要引起注意：即使大范围的地层产状非常平缓，河床中部也常发育小褶皱，使得结构面的产状、性状与两侧有一定变化，泥化程度也相对较高，见图3-3。这一现象的形成与深切河谷应力场特征有关，后面将进一步描述此类现象。因此，河床中部勘探点应该适当加密。

《水利水电工程地质勘察规范》（GB 50487—2008）规定，初步设计阶段坝基勘探点间距大体控制在40～60m，并应具有足够的覆盖面。对于施工详图阶段，设计要求提供结构面等值线图和抗剪强度分区图，因此40～60m的勘探点间距是不够的。

图3-3 河床表层发育的小褶皱

以清江隔河岩、高坝洲和长江葛洲坝、三峡以及黄河万家寨、龙口的经验来看，技施阶段的勘探点间距应该控制在20～30m，每一个坝段宜有一个勘探点，重要建筑物部位、结构面性状和位置变化部位也应该有勘探点。

英国标准《场地勘察实施规范》（*Code of Practice for Site Investigation*）（BS 5930—1999）中对于建筑物地基部位勘探点的间距也提出了推荐意见："虽然不可能制定一成不变的准则，但对建筑物来说勘探间距一般宜采用10～30m。占地面积小的建筑物，如果收集不到相邻地段的可靠资料，勘探点不宜少于3个。某些工程，如大坝、隧洞和大型开挖工程，对地质条件特别敏感，因此与一般建筑物相比，勘探点的间隔及其位置更应该密切结合场地具体地质条件来安排。"总体来讲，该原则与我国经验是相近的，只是更强调工程师的认识，要求根据实际情况由工程师作出判断。

四、综合多种方法互相验证

对于软弱结构面的勘察，大多数工程都采用了多种手段相结合的综合勘察方法。普遍采用的是测绘、洞探、钻探及孔内电视、声波测井组合。孔内电视在不取样的情况下，已成为软弱结构面定位、定性的主要手段。大型拦河坝工程均在河床开挖岩石探井或大口径钻孔，三峡、葛洲坝、铜街子等特别重大、复杂的工程采用了大量大口径钻孔。中小型工程勘察手段主要为测绘、洞探、钻探及孔内电视、声波测井，较少采用大口径钻孔和深探井。

地面地质测绘和调查应优先安排，以期全面了解软弱结构面的发育规律和特征，钻探、洞探、井探布置宜以测绘成果为基础，做到有的放矢。忽视地面测绘和调查将会令软弱结构面的勘察陷入被动境地。

大口径钻孔、深岩石探井大多安排在初步设计阶段和施工阶段，用于关键部位和控制性结构面的勘察。

五、保证试验样品的代表性

在水利水电工程勘察中，软弱结构面的抗剪强度试验是非常重要的一项工作，是地质参数取值的基础。工程勘察过程中，不能期望有足够的试验数量，而试验成果往往与试验样品或试验位置的选择紧密相关，所以，每项试验都是珍贵的，必须精心安排。试验样品或试验位置首先要具有代表性，由有经验的地质工程师，在充分考虑工程布置及软弱结构面性状规律的基础上确定。

前期勘察受各种客观条件的限制，往往难以获得较多的软弱结构面代表性样品或合适的试验位置，而施工期随着开挖揭露，以及对软弱结构面性状规律进一步深化认识，能更好地选择有代表性的试验样品，尤其是建筑物已建成、经灌浆处理后的真实条件下取得的样品，试验成果更具代表性并且真实可靠。

万家寨水利枢纽工程在充分分析坝基层间剪切带空间分布、结构与构造和物质组成等基础上，通过探洞、钻孔、开挖揭露、灌浆前后及坝基抗剪洞，取得了大量的原装样品，尽管还存在不尽如人意的地方，但也尽可能地保证了试验成果的代表性更接近实际情况。

第二节 勘 察 方 法

一、地质测绘与调查

地面地质工作是软弱结构面勘察的主要手段之一，是其他各项工作的基础。通过工程地质测绘和调查，可以较为全面地了解软弱结构面的空间分布，了解其性状特征、成因和对工程的影响。相对于其他勘察手段，工程地质测绘与调查具有成本低、收集到的信息丰富、既能够了解宏观规律也能够观察微观特征等优点。

调查比例尺的确定主要决定于勘察阶段、地质条件复杂性和地形地貌条件，遵循分阶段逐渐加深、测绘比例尺逐渐加大的原则。万家寨水利枢纽工程坝址两岸为 70°～80°的陡壁，基岩裸露，软弱结构面顺层发育，地貌特征明显。在初步设计阶段首先采用 1∶1000比例尺进行全面测绘，在此基础上于两岸坝肩位置进行了 1∶500 软弱结构面专项测绘，施工期则根据开挖揭露的断面进行了 1∶200 软弱结构面整体测绘和单条软弱结构面 1∶10专项测绘。

地质测绘和调查现场工作主要采用追踪法。层间剪切破碎夹层、断层等发育范围一般较大，位于河床下的软弱结构面可能在上游或下游有出露，调查时可充分利用这一有利条件，通过对露头的研究，推断埋藏部分软弱结构面的分布和性状。在覆盖和风化严重部位，一般采用探槽和探坑揭露，间隔一定距离垂直边坡或结构面走向开挖探槽，与探坑结合探查深度可达强风化～新鲜岩体。南方植被茂盛，风化层较厚，探槽大有用武之地。

场地附近的天然露头和采石场、开挖面一类的人工露头，均可观察到土体、岩石和岩体的特性，如结构面的产状、发育密度与特征，风化程度以及覆盖层与基岩的接触情况，这些露头资料可作为说明场地地质条件的一种参考，用于类比分析。

有的坝址地形陡峭，植被稀疏，难以实地人工观察。随着科技的进步与发展，可用于地质测绘与调查的手段也在发生改变，如软弱结构面具有明显的地貌表现，则可以采用三维扫描测量或无棱镜测量定位技术进行远距离定位。这些技术是近年新发展起来的测量方法，人员无需到达现场。扫描测量技术测点密度可以达到 16mm，甚至能够形象地反映结构面的形态，通过计算可以获得产状、厚度等要素。不足之处是难以具体观察到结构面的性状特征。如果结构面的性状在低处可以观察了解到，对位置相对次要的结构面完全可以采用此方法定位，在束手无策的情况下也不失为一个合适的选择。中水北方勘测设计研究有限责任公司（以下简称"中水北方公司"）在新疆齐热哈塔尔水电站、乔巴特水电站、巴基斯坦高摩赞水利枢纽、刚果（金）Busanga 水电站等工程中采用了这一技术，明显提高了结构面位置的确定精度。

陆地摄影测量技术发展很快，其主要特点是信息丰富、直观，适合于高陡的边坡地形。其直接成果为彩色、黑白照片或数字影像，经正射校正后可以得到包含准确地理信息的影像、大比例尺地形图和立面地形图。在此基础上，通过地质解译、现场调查就能够获得地质图或立面地质图（1∶100～1∶500），而通过现场的追踪倾斜摄影，可获得更高精度的直观解译成果。陆地摄影特别适用于陡峭、顺直、平整的坝肩或边坡，即使存在负地形也能够获得很好的效果。南方地表植被发育，岩石出露不佳，陆摄效果较差。北方地区基岩裸露，往往能够获得较好的效果。中水北方公司在西藏等地区人力难以到达的工程项目中，以及矿山治理项目中采用这一技术，取得了明显效果，可从影像上快速提取结构面的位置及特征信息。

地质测绘和调查对于研究软弱结构面非常重要，但也有不足和局限，无法替代其他必要的重型勘探手段。主要表现如下：

（1）明显受到出露条件制约，仅能够了解地表出露或易于揭露部分的情况。

（2）难以准确了解河床坝基中软弱结构面的发育情况。

（3）结构面性状易受岩体风化卸荷等因素影响。

随着工程施工的进展，应对各开挖面所揭露出来的地质条件予以编录，并视情况修正前期的勘察成果。万家寨水利枢纽工程就是充分利用开挖揭露出来的软弱结构面，结合其他勘探手段，进一步查明了坝基缓倾角软弱结构面的地质特征。

二、探洞与探井

（一）探洞

探洞是查明坝基、边坡等工程部位软弱结构面分布、性状等而经常采用的重要勘探手段。通过探洞能够探查岩体深部的地层岩性、地质构造、风化及卸荷、滑动面、软弱结构面的特征和变化，还可以在洞中取样，进行岩体和结构面的原位试验以及物探测试等大量试验研究工作。洞探应用非常广泛，工程实例很多。澜沧江大朝山水电站，为了解两岸坝肩软弱结构面发育情况，先后完成探洞 56 个，总进尺 3606m。安康水电站也有近 2000m 的探洞工程。总之，存在软弱结构面问题的岩体工程，洞探是普遍采用的、首先选择的重型勘探手段之一。

坝基中缓倾角的软弱结构面常常在上游或下游两岸有出露，这就为通过洞探了解河床坝基中软弱结构面的分布和特征创造了条件。如龙口水利枢纽，河床坝基中起控制作用的NJ305、NJ304、NJ303 泥化夹层陆续在坝轴线上游 100～300m 范围内出露在岸坡上，勘察阶段先后在上游泥化夹层出露部位布置十余个勘探平洞，用于了解泥化夹层的性状和现场试验。

河床与岸坡的水文地质环境、风化卸荷程度有所不同，岸坡探洞揭露的软弱结构面的性状与河床坝基可能存在一定程度的差异。因风化程度高、干湿交替频繁，岸坡位置软弱结构面的泥化程度一般较高。而河床坝基中软弱结构面长期处于水下，一般具有较高的含水率。因此，岸坡位置的探洞，不能完全替代针对河床坝基位置的勘探。

（二）探井

1. 优点

探井一般布置于平缓的岸坡或阶地、漫滩上，目的是查明断层破碎带、软弱结构面的性质、产状。用于查明滑床的情况，采用探井效果也很好。

岩石探井具有如下明显的优点：

（1）能够直接反复观察软弱结构面，为长时间多次的现场调查研究、审查、咨询提供了场地条件。

（2）对于软弱结构面的定位、定性准确。

（3）能够大量采取扰动样、原状样、中型剪样。

（4）当存在多层软弱结构面时，可以分层开挖支洞追溯和研究。

（5）可以进行原位大型剪切试验。

2. 适用范围

深岩石探井是非常有效的勘探手段，但由于费用高、工期长，其应用受到较大限制。在下列情况下一般应考虑布置深岩石探井：

（1）大型混凝土坝基工程或边坡工程。

（2）存在控制坝基或边坡稳定的软弱结构面，其他方法已经难以查清其空间分布和性状。

（3）需要进行原位剪切试验。

国内如龙羊峡、安康、万家寨、龙口、铜街子、大黑汀、朱庄、宜兴抽水蓄能电站等多个工程，为查明坝基软弱结构面特征与分布，在勘察期或施工期开挖了岩石探井。探井的深度应必须揭露主要的控滑面，必要时沿结构面安排一层或多层追踪支洞，见图 3-4。

三、钻探

钻探是工程地质勘察的重要手段之一，按孔径可分为大口径钻孔和常规口径钻孔。大口径钻孔主要为取代探井而在一些大型工程中逐渐被采用，主要有取芯和不取芯两种类型，常见孔径为 60～200cm。与探井相比，大口径取芯钻孔有两个显著优点：①不产生爆破裂隙，不产生岩体松动，孔壁完整光滑，能真实反映岩体的结构特征；②岩芯可用于抗剪强度试验。其主要不利之处是费用高，中小型工程无力实施。此外，钻探设备笨重，交通条件、场地要求高，也限制了应用。为了解坝基岩体状况以及软弱结构面发育情况，20世纪 50 年代以来，已有多个工程实施过大口径钻孔，如黄河三门峡水库、大渡河龚嘴水电站、黄河小浪底水利枢纽、长江葛洲坝和三峡工程、黄河沙坡头水利枢纽、嘉陵江亭子口水电站、黄河古贤水利枢纽等大型工程，大直径钻孔在勘察中发挥了显著作用。

常规孔径钻孔成孔孔径为 59～150mm，具有勘探深度大、费用低、效率高、对场地适应性强等优点，可以直接观察岩芯，还可以通过钻孔进行多种测试和试验，是水利水电工程地质勘察的主要手段。从了解到的情况看，存在软弱结构面稳定的坝基工程、边坡工程，普遍将常规口径钻孔作为深层勘探手段之一，尤其是中小型工程，一般不安排探井和

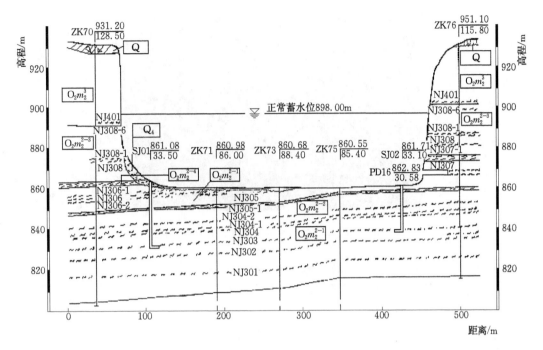

图3-4　某电站坝址探井布置剖面示意图

大口径钻孔，常以常规口径钻孔为主。

对于软弱结构面勘察，布置常规口径钻孔的目的主要是进行软弱结构面的定位和定性，较大孔径钻孔（150～300mm）也作为试验用样品的取样手段。以常规钻孔达成软弱结构面定位、定性目的，除直接的岩芯观察外，尚可进行孔内电视观察、声波测井间接判断等。在软弱结构面的勘察中，很多时候布置钻孔的主要目的是进行孔内电视观察和声波测井间接判断等。

为查清坝基软弱结构面分布，一般按网状布置常规口径钻孔勘探孔，孔距40～60m。万家寨水利枢纽工程右岸坝段，采用常规钻孔配合声波测井、孔内电视进行剪切带定位，孔间距为50m，按网状布置。经开挖证实，大部分定位准确。钻孔间因小褶皱发育，剪切带高程最大偏差为2.50m。

总体来看，采用常规口径钻孔进行缓倾角软弱结构面分布的勘察，如结构面产状稳定，孔间距一般可以采用40～60m；如果产状变化较大，或有褶皱影响、断层切割，则孔间距有必要进一步加密至30m左右。只有特别重大的工程如三峡工程勘探点距可达10～20m。

多数情况下，对于断层破碎带、软弱结构面等，取芯效果仍然不够理想，万家寨坝址初步设计阶段（20世纪90年代初）大量采用双套单动金刚石钻具，岩芯采取率普遍大于90%，但关键的层间剪切带很少能够取得。为提高软弱、破碎岩体的采取率，通过不断实践探索，中水北方公司勘察院，在双管单动金刚石钻具基础上自行研制开发了半合管钻具系列和取样方法，取得了良好的取芯效果（见图3-5），并已经成功地运用于万家寨、龙口等多个工程的软弱结构面勘察实践中，主要设备规格见表3-2。

图 3-5 半合管钻具采取的层间剪切带岩芯

表 3-2		半合管系列钻具内外管的尺寸		单位：mm
钻具规格	钻头外径	钻头内径	外管直径	内管直径
Φ150	152	121	146	123
Φ130	132	99	127	111
Φ110	112	84	108	94

（一）主要结构特点

（1）采用两级单动形式，即在单动心轴上安装两组轴承，每组轴承均由一个推力轴承和向心轴承组成，以消除和减弱钻进时产生的径向、轴向振动，同时提高钻具的单动性能。

（2）钻具内管采用开缝小、密闭性好的半合管的结构型式，有效防止从岩心管内倾倒岩心时产生的二次扰动。

（3）改变卡簧座与钻具内管以过盈配合联合的传统方式，采用螺纹进行连接，既加强了半合管的刚度，又有效增强了起拔岩心的强度，同时防止卡簧座脱落堵水事故发生。

（4）钻具芯轴上设计有非常精确的微调装置，以调节钻头内唇面与卡簧座底部之间的间隙，既保证冲洗液畅通，又保证岩样不会被冲洗液冲刷扰动，同时又起到防止岩心卡堵的作用。

（5）选择最佳的内外管级配，减少内外管的间隙（即钻头底唇面的厚度），有效地提高钻进速度，从而缩短岩样进入内管的时间，降低其被扰动破坏的概率。

（二）取样工艺

（1）选择与岩性相适应的钻头。

（2）采用较低的压力和钻速。

（3）优先选用润滑减振性能优良的"SM"植物胶类无固相冲洗液，其次可选择优质低固相泥浆或优质泥浆、清水等。采用聚丙烯腈等高分子化合物低固相泥浆或普通优质泥浆作为冲洗液,应使其黏度、失水量等指标与地层岩性相适应。采用清水作为冲洗液时,应加入适宜适量的润滑剂。

(4)取样前一回次因钻至软弱结构面的顶板上约20cm,钻进取样至岩样底面为30~40cm。

四、综合物探测试

工程物探主要利用岩体具有不同物理性质(如导电性、弹性、放射性和密度等)的特点进行间接探测。通过这些物理特性,再结合地质资料,可了解地下深处的地质体的状况。物探适用于物理特性有显著差异的地质体,而对物理特性相近似的地质体,常难以作出单一结论,此时需要几种物探方法和已有的地质资料的相互印证。

工程物探愈来愈广泛地应用于各勘察设计阶段,不仅能对地质现象进行定性解释,而且还能提供岩体定量评价的力学参数,可为钻探、山地工程的布置提供有效的指导。这是减少勘探工作量、加速勘察工作的优化方法。

对于缓倾角结构面的勘察而言,相对成熟、有效且应用较多的主要是声波测井和综合测井。

(一)声波测井

声波测井系用声波发射器以一定的频率在钻孔中发射声波,测量两个接收器初至滑行波的时间差,计算岩体波速。岩体特征不同,其波速也不同。断层、裂隙密集带、泥质夹层、岩溶等,一般其波速与上下部的完整岩体的波速都有明显下降。如万家寨水利枢纽工程,坝基岩体声波速度一般为4000~6000m/s,软弱夹层波速为1700~2200m/s,有显著的差别,见图3-6。

软弱结构面厚度一般较薄,如结构面厚度仅数厘米,测试点距离宜采用10cm。

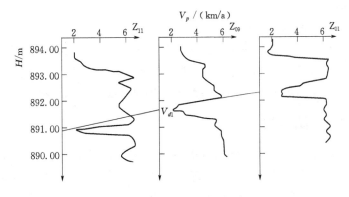

图3-6 波速变化示意图

(二)综合测井

综合测井内容主要有视电阻率、自然电位、井径、井温、放射性、流速、声波等。

视电阻率测井系根据钻孔各岩层电阻率的差异为基础,测定各岩层的电阻率近似值,从而绘制井孔地质剖面,可用于探测软弱结构面、断层破碎带的位置。电极距比较小(一般只有0.025~0.075m)的微电极系可较准确地划分钻孔地质剖面和夹层、大裂隙的位置。软弱结构面发育位置，因岩石破碎和钻进破坏井径会有不同程度的增大，井径测量成果可以反映井径的细微变化。破碎带、夹泥的天然放射性与周边岩体有所不同，天然放射性一般较高，放射性测量曲线上具有明显的反映。断层破碎带渗透性一般较强，而层间夹层具有分带性，夹泥渗透性较差，夹泥两侧的节理带和劈理带渗透性则较强，通过流速的测量可以发现其中的异常。

　　自然 γ 测井、自然电位测井、视电阻率测井、声波测井、γ-γ 测井都属于体积测量，得到的参数是一定体积内某个物理特性的综合反映，对很薄的结构面反映不够灵敏。如常用的电极距为 20cm，γ-γ 测井探头的源距也为 20cm，采用常规设备，只有软弱结构面厚度大于 20cm 才在测井曲线上有显著反映，较薄时可能不明显。

　　通过综合测井得到的资料非常繁杂，是多种现象的综合反映，其中包含大量的干扰信息。因此，不同的解译成果之间必须相互比较验证，宜作为辅助性手段，与岩芯观察、孔内电视录像成果相互补充验证。

五、孔内电视

　　钻孔孔内电视是应用工业电视技术观察钻孔岩壁情况的一种方法，在井下摄像探头中密封装入微型摄像头、照明灯、转向机构、罗盘，摄录孔壁影像。我国从 20 世纪 60 年代开始进行仪器研制，70 年代初开始应用于生产，经过不断改进，现已非常成熟，多家单位能够生产此类设备。

　　孔内电视可对岩层的裂隙方向、裂隙发育程度、风化程度、断层破碎带、软弱结构面等情况提供孔内直观影像，并能配合钻探进行分层验证等工作。厚约 0.2mm 以上的微小地质现象均可被观察到，并可分清不同色调的岩层界线和软弱结构面；可以直接测量岩层、断层、破碎带和裂隙的产状；观察岩溶、裂隙充填物和岩体结构等地质现象；借助钻孔中悬浮物的漂动，还可观察到孔内地下水的流动情况。图 3-7 为万家寨护坦部位下伏基岩中发育的软弱结构面孔内电视照片。

　　近年来，以提高图像质量、便于进行质量分析为主要目的的图像处理研究，在图像采集、显示、存储、图像灰度变换、滤波处理，开窗、拼接，特征信息提取等方面都有进展，为钻孔彩色电视录像进一步在勘探钻孔中直接观察地质现象开辟了更为广阔的前景。

六、物理力学性质试验

　　在水利水电工程勘察中，针对软弱结构面的试验是非常重要的一项工作，是评价软弱结构面的工程地质特性和地质参数取值的基础。物理性质可采取原状或扰动样品进行室内常规试验，试验项目宜包括颗粒分析、矿物组成和化学分析等。抗剪强度是软弱结构面的重要力学性质，有关软弱结构面抗剪强度试验，已经发展成为非常丰富的体系，常提及的是尺寸划分方法，如大型剪、中型剪和常规尺寸剪试验。软弱结构面抗剪强度试验方法可结合以下几点进行选择：

　　（1）软弱结构面抗剪强度试验方法主要为大型剪、中型剪和常规尺寸剪等，具体方法选择应综合结构面的工程地质特征及长期演化、未来工况、工程规模、工期要求、经费情况和场地条件等因素，进行系统选择。

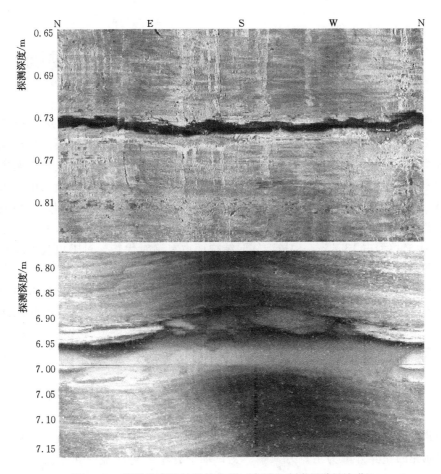

图 3-7 顺层发育的软弱结构面（水平方向表示孔壁方位）

（2）大型剪试验更接近于"真值"，其成果为工程师信赖，一般作为软弱结构面取值的主要依据。但不同试验方法之间具有互补和互相验证作用，多数情况下中型剪、常规尺寸剪试验是必要和具有重要参考意义的。中型剪试验和常规直剪受尺寸效应局限，一般作为辅助方法。中型剪试验对试件加工要求非常高，试验结果离散性比较大，必须具有较多的数量才具有统计优势。重塑土剪切试验不适于厚度小、泥化程度低的夹层，但对于厚度大、泥化程度高的软弱夹层具有重要参考价值。

（3）对于岩屑岩块类和岩屑夹泥类渗透性较强的软弱结构面，试验过程中的排水效果较好，固结快剪试验成果一般具有较好的代表性。

对于泥夹岩屑和纯泥质结构面来说，大型剪试件较大、快剪或固结快剪试验剪切速率快，实际上难以实现有效排水，并会导致出现孔隙压力。大坝填筑和蓄水时间普遍较长，坝基中的软弱结构面具有较为充分的排水时间。从这点来看，对于泥夹岩屑和纯泥质结构面，慢剪试验更贴近实际工况。

（4）软弱结构面剪切流变试验的主要目的是研究软弱结构面长期强度特征。从白鹤滩、葛洲坝工程试验来看，软弱结构面长期强度均低于瞬时强度，f_∞ 值约为 f 的 80%；c_∞ 降低更为显著，约为 c 的 $1/10$ 或其数值接近于 0。

第四章 托龙段缓倾角软弱结构面成因

软弱结构面是地质历史时期的产物，与成岩条件、构造作用和地下水活动等密切相关，在漫长的演化过程中，其所经受的物理力学作用和化学作用非常复杂，应该说大部分软弱结构面都是多成因的。因此，所谓的软弱结构面成因的分类，实际上是以起主导作用的因素作为标准作出的判别。范中原、任自民（1987）研究了国内120个大中型水利水电工程资料，以主要地质作用为依据，将软弱结构面划分为六大类：构造型、沉积型、火成型、变质型、风化型和次生充填型。从统计的规律看，构造型占81.1%，风化型占5.5%，次生充填型占13.4%，构造型软弱结构面占有绝对优势。对于坝基工程而言，最为常见的是构造成因结构面，尤其是层间剪切破碎夹层和断层。

万家寨、龙口等水利枢纽工程坝基中缓倾角软弱结构面发育，其形成是多种因素共同作用的结果。这些因素主要包括多次的构造错动破碎作用、卸荷引起的错动和水动力条件的改变，以及地下水长期的物理化学作用等。对于不同类型的夹层，这些因素所产生的影响程度有所不同，但层间错动破碎是最主要和基础的条件。

第一节 层间错动的破碎作用

从托龙段区域构造发展史来看，褶皱化是早期构造运动的主要形式之一，晚近期构造活动则以地壳的差异升降为主。万家寨、龙口坝址处于榆树湾挠曲和弥佛寺背斜、红树峁—欧梨咀挠曲之间，在晚近期处于相对上升区与相对下降区之间的过渡地段，在褶皱形成和地壳差异升降过程中处其间的坝址岩体必将受到影响，即沿相对软弱的岩层或层面发生错动。由于构造运动的多期性，可以推断沿夹层的错动也是多期的和多方向的。

从万家寨、龙口等水利枢纽工程地应力测量的成果来看，坝址最大主应力为近水平方向，万家寨河床浅部（25m以上）最大水平主应力为2～3MPa，深部（45m以下）为5～7MPa以上；龙口河床浅部（35m以上）最大水平主应力为5～6MPa，深部（40m以下）为8～9MPa以上，大体为自重应力的5～6倍，也在一定程度上说明坝址具备形成层间错动或卸荷变位的应力条件。

从地表及一些勘探点能够看到夹层本身及附近岩体发生过明显错动的迹象。

（1）软弱夹层在剖面方向上常具有明显的构造分带性，可分为节理带、劈理带和泥化带，节理带、劈理带内的岩块多呈定向排列，泥化带内岩屑大小不一，透镜体状岩屑也具有定向排列特征，泥质物则具有磷片状构造，排列方向多与岩层面平行或小角度斜交，见图4-1。

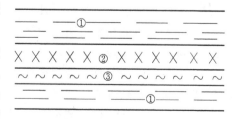

①—节理带；②—劈理带；③—泥化带

图4-1 SCJ07层间剪切带剖面示意图

（2）与软弱夹层相交的裂隙多有错开，见图 4-2。

（3）软弱夹层顶面、底面处见有大量擦痕、阶步、磨光面等，夹层内部也见有剪节理、微裂隙的存在。

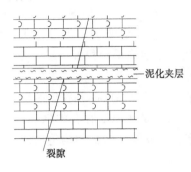

图 4-2 软弱夹层错开裂隙

第二节 风化卸荷作用

岩体的风化卸荷影响主要体现在以下两个方面：

（1）因黄河下切迅速，坝址两岸向河流方向的水平卸荷变位和河床位置垂向的卸荷变位均很明显，引起岩体沿相对软弱的岩层、层面或已经形成的夹层产生相对运动，可能形成新的夹层或加剧已有夹层的进一步破碎。地表调查可以看到，两岸陡壁往往沿夹层形成倒台阶，上盘向黄河方向错动，最大错距 15cm。

（2）岩体的风化卸荷将破坏岩体的完整性，形成新的裂隙，扩大原有构造裂隙的开度和长度，为空气和地下水的活动提供了通道。其具体影响体现到夹层性状的差异，如在两岸和河床浅部风化卸荷带范围，夹层的厚度相对较大、泥化程度相对较高，即使钙质充填夹层也有明显的泥化面或泥化带。

从万家寨水利枢纽开挖揭露的情况看，河床部位岩体强卸荷带深度最大不超过 6.8m，在这一范围内的 SCJ01～SCJ06 层间剪切带，性状相对较差，厚度大、泥化程度高、含水量高。从龙口水利枢纽钻孔揭露的情况看，河床部位岩体强卸荷带深度最大不超过 7.4m，在这一范围内的 NJ305、NJ305-1、NJ306、NJ306-1 和 NJ306-2 泥化夹层，性状相对较差，厚度大、泥化程度高、含水量高。

根据坝址地应力测量成果分析，河床部位受卸荷影响的深度可达 25～35m。具体到层间剪切带性状的变化，同类剪切带相比较随深度的增加性状逐渐趋好；万家寨水利枢纽 25m 埋深以下未发现相同类型的层间剪切带，龙口水利枢纽 35m 埋深以下的 NJ302、NJ301 性状明显要好一些，岩屑含量明显较高。

第三节 地下水的物理化学作用

从夹层的物质组成来推断，地下水对不同类型夹层的作用方式和影响程度是不同的。岩屑岩块状夹层主要由碎块状、片状岩块构成，地下水对其分解破坏作用较轻微。

钙质充填夹层矿物成分以钙质为主，与原岩相近，但有一定程度胶结，局部又有泥化，泥化部分和胶结部分均有透镜状岩石碎屑存在。其形成较复杂，地下水的影响有待进一步研究，初步推断为岩屑、岩粉在应力作用下重新胶结的结果。

泥化夹层中泥质物的矿物成分主要为伊利石，化学成分中以 SiO_2、Al_2O_3 含量居多，与原岩差别明显，说明地下水对泥化夹层的后期改造较强烈。CaO、MgO 等在地下水的长期物理化学作用下逐渐流失，而 Al_2O_3 和 SiO_2 等难溶物得到积聚，成为泥化夹层的主要组成部分。

综合以上的资料，软弱岩石的存在是软弱结构面形成的内因和物质基础，而构造剪切作用则是软弱结构面形成的直接原因。其中的夹泥带是在原已存在的软弱岩石的基础上，经过一系列机械的和化学的改造作用而形成的产物。软弱结构面的构造成因说只是相对而言，实际上是多种因素共同作用的综合产物。

第五章　万家寨缓倾角软弱结构面

万家寨水利枢纽位于黄河中游北干流托克托至龙口峡谷河段，左岸隶属山西省偏关县，右岸隶属内蒙古自治区准格尔旗。枢纽的主要任务是供水结合发电调峰，同时兼有防洪、防凌作用。枢纽年供水量为 14 亿 m³，年发电量为 27.5 亿 kW·h，工程建成后对缓解山西、内蒙古能源基地工业用水及两岸地区人民生活用水的紧张状况，改善华北电网的电力紧张局面及优化电网运行条件将起较大的促进作用，并对下游天桥水电站的防洪、防凌创造有利条件。

万家寨水利枢纽属一等大（1）型工程，由拦河坝、泄水建筑物、引黄取水建筑物、坝后式厂房及 GIS 开关站等组成。拦河坝为半整体式混凝土直线重力坝，坝顶高程为 982.00m，坝顶长 443m，最大坝高 105m。泄水建筑物位于河床左侧，包括 8 个 4m×6m 底孔、4 个 4m×8m 中孔、1 个 14m×10m 表孔。电站厂房安装 6 台单机容量为 18 万 kW 的水轮发电机组。引黄取水口设于大坝左岸边坡坝段，两条引水钢管直径均为 4.0m，单孔引水流量为 24m³/s。

万家寨水利枢纽工程规划勘测设计工作始于 20 世纪 50—60 年代，于 1993 年 2 月经国家批准立项，并开始前期准备。1994 年 11 月主体工程开工，1995 年 12 月工程截流，1998 年 9 月拦河坝全部浇筑至 982.00m 坝顶设计高程。1998 年 10 月 1 日水库下闸蓄水，11 月 28 日首台机组并网发电，2000 年 12 月 6 台机组全部投产。

万家寨水利枢纽工程所处河段，河谷呈 U 形，谷宽为 400～570m，两岸岸坡陡立，高出谷底百十米，为黄河中游较典型的宽 U 形河谷区。工程区岩层产状近水平，层间发育有层间剪切带，为缓倾角软弱结构面，层间剪切带的抗剪强度是控制坝基抗滑稳定的关键点。

随着勘察工作的深入和施工开挖揭露，对发育于坝基的层间剪切带认识在逐渐加深，通过测试、试验和计算等深入研究，提出了科学合理的抗剪强度指标建议值。

第一节　坝址地质环境

一、地形地貌

黄河流入万家寨水利枢纽坝址区其流向为南偏西，至坝轴线附近转向南流。平水期一般水深为 1～2m。河谷呈 U 形，谷宽 430m 左右，河床地面高程约为 897.00m，两岸岸坡陡立，高出河水面百十米。坡脚处有山麓堆积，底宽 20～55m，厚 2～40m。地面形成 30°～40°斜坡。两岸较大的冲沟，左岸坝轴线上游有牛郎贝沟，坝轴线下游有清沟；右岸坝轴线上游有阳畦沟，坝轴线附近有串道沟，与黄河成近直交。除清沟下切至黄河河床外，其余均为半悬沟，沟口底高程为 978.00～995.00m。沿黄河两岸发育有一、三、四级阶地，缺失二级阶地。一级阶地分布在坝址下游清沟口一带，阶面高程为903.00～905.00m，高出河水面3～5m，为堆积阶地，由粉质黏土及砂卵砾石层组成。三、四级阶地主要分布在左岸牛郎贝沟至清沟之间的岸顶，右岸则呈断续分布，阶面高程分别为1030.00～1035.00m和1050.00m，均为侵蚀堆积阶地，多为黄土类土及砂砾石组成。坝址地貌形态见图5-1。

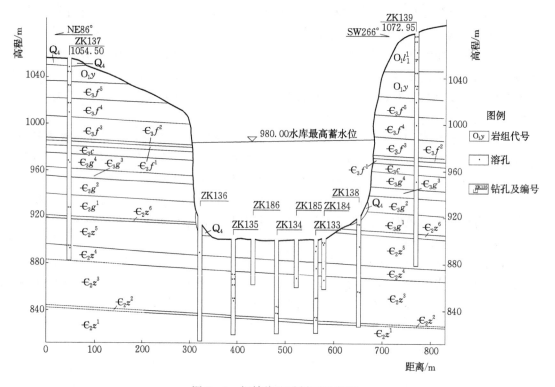

图5-1 坝轴线地质剖面示意图

坝址河谷呈U形，谷宽430m左右，两岸岸坡陡立，高出河床百余米。

清基前，两岸坡脚有山麓堆积，形成30°～40°斜坡。河床部位，顺河向冲蚀溶沟发育，一般深0.5～1.0m，并见有灰岩孤石散布，河床基岩面高程一般为896.50～897.50m。基坑开挖后，河床坝基建基面高程：左侧为890.00～892.00m，右侧为894.00m左右，电站厂房建基面高程为876.00m左右，左侧护坦和防冲板建基面高程为895.00～896.00m，防冲齿槽底高程为888.50～889.00m。

二、地层岩性

枢纽区主要由寒武系、奥陶系及第四系地层组成。从寒武系中统徐庄组至奥陶系中统马家沟组共划分8组22层。其中河床坝基主要持力层为张夏组第五层、张夏组第四层。

张夏组第五层（$\in_2 z^5$）：总厚度为22.63～25.06m，岩性为中厚层灰岩夹薄层灰岩、鲕状灰岩及少量泥灰岩，底部为竹叶（砾）状灰岩。河床坝基及护坦基础直接坐落在该层岩体的中部。坝基、护坦部位该层保留厚度分别为6～18m和9～14m。

张夏组第四层（$\in_2 z^4$）：总厚度为11.75～15.20m，岩性为薄层灰岩、页岩夹泥灰岩、竹叶（砾）状灰岩。电站厂房基础直接坐落在该岩体上，在电站厂房下厚度为 $10\sim12\mathrm{m}$。

张夏组第三层（$\epsilon_2 z^3$）：厚度为 $35.7\sim37.94\mathrm{m}$，为薄层灰岩、中厚层灰岩夹鲕状灰岩和少量泥灰岩及竹叶状灰岩。

张夏组第二层（$\epsilon_2 z^2$）：厚度为 $2.78\sim3.84\mathrm{m}$，为页岩夹薄层灰岩。

张夏组第一层（$\epsilon_2 z^1$）：厚度为 $32\mathrm{m}$，岩性为中厚层灰岩、鲕状灰岩夹少量泥灰岩。

三、地质构造

坝区地层呈单斜构造，岩层产状平缓，总体走向 $\mathrm{NE}30°\sim\mathrm{NE}60°$，倾向北西，倾角 $2°\sim3°$。岩层走向与坝轴线夹角 $26°\sim56°$。主要构造形迹为裂隙、层间剪切带及规模不大的层间褶曲。

陡倾角裂隙主要有 NNE 及 NWW 两组，其中 NNE 向裂隙多呈单条分布，间距为 $5\sim10\mathrm{m}$；NWW 向裂隙一般呈带状发育，裂隙带间距 $10\mathrm{m}$ 左右，带内裂隙间距一般为 $1\sim2\mathrm{m}$。一般呈张开状，宽度为 $0.1\sim2.0\mathrm{cm}$。裂面附方解石晶芽或晶体，裂隙内充填钙泥质物。

层间褶曲长轴方向多为顺河向或近垂直河流方向，见表 5-1。

表 5-1　　　　　　　　　　　　　　坝基层间褶曲汇总

编号	位置	高程/m	轴长/m	影响深度/m
Z1	5 坝段	$897.00\sim893.50$	60	
Z2	6 坝段	$897.00\sim894.00$	35	$3\sim4$
Z3	护坦 7-3～7-4	$896.50\sim893.00$	60	3.0
Z4	护坦、防冲板	$896.80\sim893.50$	15	3.5
Z5	9 甲	$890.00\sim890.50$	8.0	3.0
Z6	4 丙～5 丙	$891.50\sim892.00$	40	
Z7	9 甲	890.00	6	
Z8	5 丙	891.50	7	
Z9	12 丙	881.90	18	1.0
Z10	13 丙	881.40	6	$1.0\sim1.5$
Z11	13 丙	881.80	13	$1.0\sim1.5$
Z12	13 丙	881.40	10	$1.0\sim1.5$
Z13	13 丙	881.80	8	$1.0\sim1.5$
Z14	16 甲	894.40	16.2	$1.0\sim1.5$
Z15	18 甲、19 甲	894.50	35.6	
Z16	20 甲	895.50	12.6	
Z17	6 甲	877.00	8.0	1.0

新鲜岩体中，层面一般胶结较紧密。经风化、卸荷作用，浅部岩体层面多呈张开

状态。

层间剪切带主要发育在软硬相间的相对软弱岩层内或二者界面附近。其形成过程首先是在构造应力作用下，经过层间剪切错动，原岩结构遭到较轻微破坏，再经地下水活动和物理化学作用，使受到机械破碎的物质进一步恶化，即成为性状不一的相对软弱结构面。

坝区 U 形河谷特殊地应力场和地下水活动以及物理化学作用，使得河床浅部岩体受到显著影响，致使河床浅部层间剪切带厚度加大。靠近岸边，应力释放不充分，剪切作用减弱，剪切带厚度变小，直致消失。

四、地应力特征

钻孔水压致裂法地应力测试结果表明，坝区地应力场有如下特征：

（1）在平面上有从左岸向右岸由大减小的趋势，在垂直方向上随深度增加而递增。

（2）河床坝基最大水平主应力与最小水平主应力的比值约为 2∶1，最大水平主应力与垂直主应力的比值为 2∶1～4∶1。

（3）区域最大水平主应力方向为 NE60°，河床（坝基）最大水平主应力方向与河谷走向垂直，即近 EW 向，如坝址区地应力方向见图 5-2。受地形影响，河床浅部张夏组第四层与第五层界面深度上最大水平主应力值只有 2～3MPa，如坝区最大水平主应力等值线见图 5-3。同样，河床浅部岩层相对两岸相同高程处岩层而言，其垂直主应力在基坑开挖前已丧失殆尽。

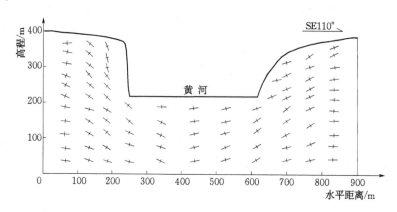

图 5-2　坝址区地应力方向

五、水文地质

坝区基岩地下水按其埋藏条件分为以下两大类：

（1）基岩裂隙岩溶潜水含水。主要赋存在崮山组及张夏组第五层，水库蓄水前左岸地下水位为 653.52～937.96m；右岸地下水位为 906.32～898.29m；河床张夏组第五层地下水位为 896.06～902.13m，与河水位基本一致。

（2）基岩裂隙岩溶承压含水。含水层主要为在张夏组第一层、第三层及第五层（两岸部分），相对隔水层为张夏组第二层、第四层、第六层。各承压含水层水位与黄河水位相差不大，与黄河水有一定水力联系。坝区地下水和黄河水，对坝体混凝土均无侵蚀性。

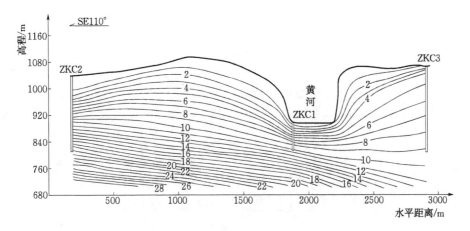

图 5-3　坝区最大水平主应力等值线

六、风化卸荷

坝址基岩为碳酸盐岩地层，岩石坚硬，岩体完整性较好，风化层厚度不大。一般无全风化层，强风化层仅局部存在，弱风化下限深度：左岸为 3～10m（水平深度），右岸为 3～8m（水平深度），河床为 0～6.8m（垂直深度）。卸荷带常沿构造裂隙发育，河谷两岸卸荷带深度基本与弱风化下限深度一致，河床卸荷带深度经探井开挖左侧为 5.55m，右侧为 4.25m。

初步设计勘察表明，河床基岩卸荷风化深度为 0～6.8m（基本与弱风化带下限一致），基坑开挖已将卸荷岩体全部挖除。

在施工开挖中，发现挖除建基面上覆岩体后，原有的应力平衡状态被破坏，建基面以下原本完整的岩体发生垂直方向的回弹变形，层面张开。尤其是电站厂房及大坝丁块利用岩体，为张夏组第四层，开挖揭露后，其中的泥灰岩、页岩又具有易风化的特点。据基坑开挖时观测，中厚层岩体在开挖裸露 20 天左右，即出现新的沿层面张开现象；薄层岩体在清基 3～5 天后，即出现明显的层面张开现象；层间剪切带在开挖后进一步卸荷不明显。

七、建基岩体质量

（一）建基岩体与基础处理

拦河坝为半整体式混凝土直线重力坝，坝体自左向右分为 22 个坝段，其中 1～3 坝段为左岸挡水坝段，4～10 坝段为河床左侧溢流坝段，11 坝段为隔墩坝段，12～17 坝段为河床右侧电站厂房坝段，18～22 坝段为右岸挡水坝段。

溢流坝段下游采用长护坦挑流消能，护坦长 80m，护坦下游设长约 15m 的防冲板、宽约 10m 的防齿槽及宽约 5m 的护脚板。

电站厂房为坝后式，电站厂房左右两侧分别设置有主、副安装间和副厂房。枢纽布置见图 5-4。

1. 建基岩体地层与岩性

河床坝段除右岸电站坝段丁块外，基础均坐落在寒武系中统张夏组第五层地层上。岩

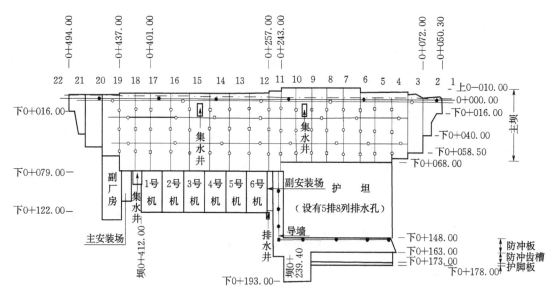

图 5-4 枢纽平面布置图

性组成为中厚层灰岩、薄层灰岩、泥灰岩及其互层，夹少量鲕状灰岩、竹叶（砾）状灰岩。经开挖处理后，各坝段表层岩体呈弱风化～微风化状态，具体情况如下：

河床左侧 4～11 坝段，建基面岩性以中厚层灰岩为主。其中，4～8 坝段中线以左坝段，表层中厚层灰岩单层厚 0.3～0.4m；8 坝段中线以右至 11 坝段表层灰岩为厚层单层厚 1.2m 左右。

河床右侧 12～15 坝段甲、乙块和 16～17 坝段乙块，建基表面中厚层灰岩约占 20%，薄层岩体约占 80%，薄层岩体一般厚 5～10cm，其下伏岩体为中厚层灰岩，层面胶结良好；16、17 坝段甲块和 18、19 坝段，建基面出露岩性以中厚层灰岩为主，该层厚 0.3～1.0m；电站坝段（12～17 坝段）丙块基础，开挖深度约为 15m，已进入新鲜岩体，建基面岩性以中厚层灰岩、薄层灰岩为主。

电站厂房及电站坝段丁块基础直接坐落在寒武系中统张夏组第四层岩体之上。施工中，根据该层岩体的具体特性，清除了表层易风化的泥灰岩和页岩，建基面岩体多为中厚层，层厚 0.15～0.3m，坚硬完整。下伏 0.05～0.15m 厚度不等的薄层岩体，整体基础为中厚层灰岩与薄层类岩体互层，上部岩体有卸荷现象（开挖形成的卸荷），卸荷深度为 1.0～2.5m，以下为新鲜完整岩体。

两岸坝肩利用岩体自上而下由寒武系上统凤山组、长山组、崮山组及中统张夏组的中厚层、薄层灰岩、竹叶状灰岩、鲕状灰岩、泥质白云岩及白云岩组成。左岸 1 坝段基础平台为崮山组第一层，2、3 坝段基础平台为张夏组第五层；右岸 20、21、22 坝段基础平台分别为崮山组第三层、崮山组第一层、张夏组第五层。岩层产状平缓，岩石坚硬岩体完整性较好。

坝基基坑开挖形态及地层分布见图 5-5。

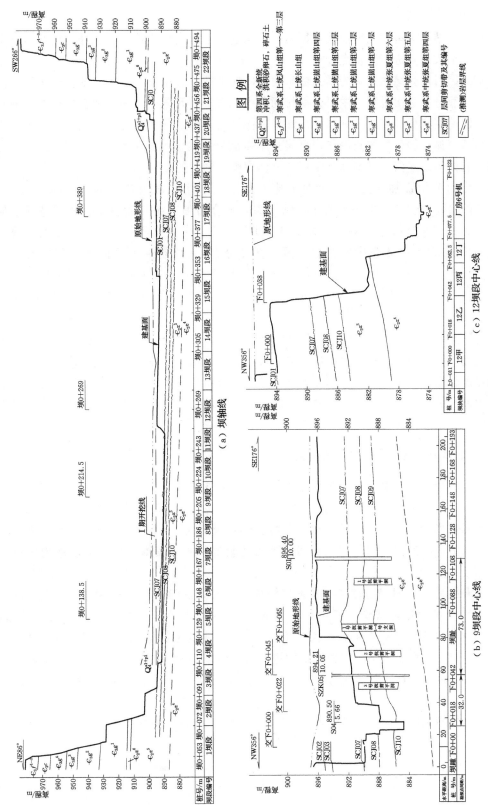

图 5-5　坝基坑开挖形态及地层分布

（a）坝轴线

（b）9坝段中心线

（c）12坝段地层分布

图　例

2. 基础处理

大坝与电站厂房基础开挖至建基面后，除均进行了认真地撬挖、清洗外，还针对基础岩体存在的地质缺陷进行了重点处理。

（1）基础岩体固结灌浆。为增强建基岩体的完整性，大坝及主厂房基础普遍进行了固结灌浆。一般分三序次进行，主要采用排间分序加密及环间分序、环内加密的布置。灌浆后岩体纵波速度有所提高，尤其以浅部卸荷岩体（指灌前 $v_p < 4000\text{m/s}$）及泥灰岩页岩集中带提高较明显。卸荷岩体及泥灰岩页岩集中带灌后平均波速提高率为 16.90%。固结灌浆提高了岩体的波速值，基本达到了提高岩体完整性的目的。

（2）层间剪切带加固处理。针对河床左侧溢流坝段基础内存在的 SCJ08、SCJ09、SCJ10 三条层间剪切带，采用混凝土抗剪平洞并结合磨细水泥补强灌浆的方案进行了加固处理。即平行坝轴线在坝基下布置 2 条、护坦下布置 1 条抗剪平洞，垂直 3 条抗剪平洞设有长度不等的 3～4 条横向抗剪支洞，在 2 号、1 号抗剪平洞之间护坦部位设一条纵向抗剪支洞。平洞宽度分别为 4m 和 5m，平洞底位于 SCJ10 以下 2m，平洞顶位于 SCJ08 以上 1.5m，洞高约为 5.5m。4、5 坝段 SCJ08 已经挖除，相应洞高为 3.5～5.5m。

抗剪平洞和支洞开挖完成后，经认真清洗、撬挖，验收合格后采用低热微膨胀混凝土分两层进行回填。回填前平洞内设置了抗剪重轨和钢筋网，顶部及底部设有锚筋。顶部及侧壁预埋接触灌浆管路。混凝土冷却到稳定温度，采用磨细水泥进行接触灌浆。之后，还在坝基廊道及护坦面，向因开挖平洞引起的松动岩体及防渗帷幕，打孔采用磨细水泥进行补强灌浆。

（二）建基岩体物理力学性质与质量

坝址地层为寒武系中、上统碳酸盐岩类岩体，主要岩性为中厚层灰岩夹薄层灰岩、泥灰岩和页岩，岩石坚硬，完整性好，勘察期试验成果表明，坝基岩体强度较高，大部分岩体饱和抗压强度为 88.4～176.9MPa，现场静弹性模量为 10.5～65.8GPa，纵波速度为 3000m/s 以上，即使相对软弱的泥灰岩、页岩在新鲜状态下其饱和抗压强度平均值也在 80MPa 以上。

基坑开挖后，对建基岩体进行了地震波检测、回弹仪测试、岩样室内物理力学试验及孔内弹性模量测量，试验及测试成果见表 5-2～表 5-6。从检测、试验成果可知，大坝基础岩体地震波纵波速平均值大多在 4000m/s 以上，电站发电机组基础岩体在 3500m/s 以上，大坝及电站基础岩体单轴饱和抗压强度为 80.10～184.50MPa，饱和抗拉强度为 6.38～9.74MPa，冻融损失率为 0.00%～0.02%，饱和弹性模量为 26.0～74.5GPa。

上述各项指标综合说明，基础岩体各项指标较优，岩体质量良好。

表5-2　拦河坝电站厂房基础岩石室内物理力学性质试验成果

取样位置		岩石名称	干容重/(kN/m³)	饱和容重/(kN/m³)	孔隙率/%	饱和吸水率/%	单轴抗压强度/MPa			抗拉强度/MPa		弹性模量/GPa		泊松比		冻融（饱和）		
							烘干	饱和	饱和冻融	烘干	饱和	烘干	饱和	烘干	饱和	次数	损失率/%	系数
坝主	4乙	中厚层灰岩	27.31	27.33	0.21	0.07	162.46	158.2	63.28	7.85	7.57	71.2	69.6	0.23	0.25	50	0.01	0.4
	5乙	鲕状灰岩	27.21	27.24	0.58	0.15	143.8	129.6	61.17	9.85	9.51	37.5	32	0.24	0.27	50	0.00	0.472
	6甲	中厚层灰岩	27.33	27.35	0.25	0.03	154.1	148.7	54.28	10.2	9.58	71	68	0.19	0.22	50	0.00	0.365
	6乙	中厚层灰岩	27.22	27.26	0.36	0.15	191.3	166.3	22.51	8.92	8.39	70.2	68.7	0.18	0.2	50	0.00	0.436
	7甲	薄层灰岩	27.14	27.18	0.33	0.17	177.6	154.1	74.43	8.14	7.93	39.7	38.1	0.23	0.21	50	0.018	0.483
	7丙	中厚层灰岩	27.69	27.74	0.57	0.14	168.4	99.5	81.59	9.85	9.74	64	57	0.18	0.21	50	0.008	0.82
	8丙	中厚层灰岩	27.7	27.73	0.43	0.13	212.2	184.5	52.03	9.92	9.2	37.8	34.3	0.26	0.29	50	0.01	0.282
	9甲	中厚层灰岩	27.18	27.22	0.33	0.1	137.4	124.8	51.66	7.05	6.38	47	44.2	0.29	0.32	50	0.01	0.414
	9丙	中厚层灰岩	27.14	27.18	0.62	0.14	172.5	163.5	79.13	8.94	8.82	41.5	38.4	0.22	0.25	50	0.018	0.484
	11乙	中厚层灰岩	27.03	27.06	0.22	0.13	18470	181.6	112.7	9.79	9.11	74	61.8	0.25	0.27	50	0.028	0.621
	12丁	中厚层灰岩	27.17	27.23	1.6	0.22	142.6	132.1	97.35	11.4	9.67	46	34.5	0.29	0.31	50	0.00	0.74
	13丁	中厚层鲕状灰岩	27.18	27.23	0.44	0.16	117.13	105.25	86.71	8.75	8.63	69	54	0.26	0.3	50	0.018	0.82
	14丙	中厚层灰岩	27.22	27.25	0.29	0.12	108.08	100.36	80.76	9.85	7.97	32	26	0.31	0.34	50	0.01	0.8
	14丁	鲕状灰岩	27.15	27.21	0.44	0.21	158.76	144.46	97.45	9.86	6.99	82.2	74.5	0.21	0.25	50	0.00	0.67
	16丙	中厚层灰岩	27.14	27.24	2.8	0.37	114.26	94.19	65.02	8.5	7.3					50	0.01	0.69
	16丁	中厚层灰岩	27.25	27.29	0.54	0.15	98.64	80.1	46.4	12.9	9.03	58	59.5	0.27	0.29	50	0.028	0.58
	17丙	中厚层灰岩	27.5	27.58	0.29	0.29	148.45	132.79	111.3	10.2	8.89	79.2	72.3	0.23	0.23	50	0.00	0.84
	20丙	中厚层灰岩	27.29	27.33	0.36	0.15	144.59	124.11	95.11	10.4	8.25	60.4	52.3	0.19	1.24	50	0.008	0.77
厂房	3号机	鲕状灰岩	27.45	27.5	0.43	0.2	165.36	144.5	124.6	8.84	8.03	72	69	0.21	0.22	50	0.01	0.86
	4号机	鲕状灰岩	27.27	27.3	0.36	0.1	142.13	133.72	96.93	9.6	7.89	47	44	0.3	0.33	50	0.00	0.72

表 5 - 3 　　　　　　拦河坝、电站厂房孔内弹性模量测量成果

序号	测试钻孔位置	测试高程/m	孔口坐标	测段岩性	变形模量 E_0/GPa	弹性模量 E/GPa
1	12 丁	872.80	坝 0＋274.25 下 0＋067.75	上部为薄层灰岩，下部为紫色页岩	3.76	8.14
2	18 丙	876.70	坝 0＋407.00 下 0＋055.50	中厚层灰岩夹薄层泥灰岩	3.94	5.26
3	13 丙	880.70	坝 0＋287.00 下 0＋043	上部为薄层泥灰岩，下部为中厚层竹叶状灰岩、灰岩	5.19	9.01
4	厂房 5 号机	871.10	坝 0＋293.50 下 0＋108.75	上部为薄层泥灰岩，下部为中厚层竹叶状灰岩、灰岩	2.93	4.81
5	厂房 5 号机	873.85	坝 0＋303.50 下 0＋119.75	薄层泥灰岩	1.31	2.04
6	厂房 1 号机	871.75	坝 0＋405.50 下 0＋105.00	薄层泥灰岩夹薄层灰岩	5.46	8
7	厂房 1 号机	870.30	坝 0＋405.50 下 0＋105.00	薄层泥灰岩夹薄层灰岩	1.73	4.93

注 孔内弹性模量测量是在基础固结灌浆后实施。

表 5 - 4 　　　　　　　　坝基岩体抗剪试验成果汇总

序号	试验方法	岩 性	组数	抗剪试验指标					
				f'			c'/MPa		
				最大值	最小值	平均值	最大值	最小值	平均值
1	室内小口径岩芯抗剪试验	薄层灰岩与泥灰岩互层（夹层）	7	1.78	0.7	0.98	0.75	0.03	0.52
		页岩	5	2.06	1.23	1.58	0.63	0.18	0.41
		泥化夹层（环刀）	2	1.42	0.34	0.38	0.012	0.007	0.0095
2	现场大型抗剪试验	薄层灰岩与泥灰岩互层（夹层）	6	1.22	0.61	0.98	1.4	0.2	0.54
		页岩	1			0.74			0.11
		中厚层灰岩	3			2.23	5.7	0.58	2.526
		混凝土/中厚层灰岩	2	1.32	1.05	1.18	0.97	0.89	0.93
		泥化夹层	2	0.51	0.35	0.43	1.105	0.023	0.062

续表

序号	试验方法	岩 性	组数	抗剪试验指标					
				f'			c'/MPa		
				最大值	最小值	平均值	最大值	最小值	平均值
3	现场中口径岩芯快速中型抗剪试验	薄层灰岩与泥灰岩互层（夹层）	5	1.73	0.87	1.32	2.0	1.45	1.73
		页岩	3	2.35	0.97	1.01	2.38	2.25	2.3
		薄层灰岩与页岩互层（夹层）	2	1.33	0.89	1.21	2.3	1.29	1.65
		泥灰岩	1			1.28			2.4
		竹叶（鲕）状灰岩	1			1.80			0.3
		$\in_2 z^5/\in_2 z^4$ 界面附近	1			1.57			2.3
4	现场中口径岩芯快速中型抗切试验	薄层灰岩与泥灰岩互层（夹层）	15 块				3.73	0.72	2.08
		页岩	2 块				1.46	1.4	1.43
		泥灰岩、砾（鲕）状灰岩	3 块				4.53	0.58	2.29

表 5-5　　　　大坝建基面地震波测试成果

坝段号	测线总长度/m	波速范围值/(m/s)	平均值/(m/s)	坝段号	测线总长度/m	波速范围值/(m/s)	平均值/(m/s)
1	98	5330～1900	4120	12	220.9	6000～2600	4300
1（左坝肩）	21	5130～3200	3930	13	252.8	5710～1960	4200
2	117.5	6250～2000	4440	14	218	6000～1180	4998
3	148	6450～3030	5290	15	217.7	6000～700	4250
4	166.9	6000～3390	4860	16	241	5460～1250	3809
5	213.7	5560～2940	4520	17	236.4	5800～1200	4483
6	184.2	6000～2610	4810	18	171.4	6000～2130	4383
7	181.5	5940～3570	4740	19	163.4	6000～3080	4610
8	195.5	5830～2300	4500	20	158.2	5710～2560	5079
9	172	5750～3100	4890	21	75.5	5330～3680	5123
10	192	6120～3300	5090	22	83.6	4810～2080	3300
11	180	6000～2860	4900				

表 5 - 6　　　　　　　　　　　　　厂房建基面地震波测试成果

测线位置	测线总长度/m	波速范围值/（m/s）	平均值/（m/s）	测线位置	测线总长度/m	波速范围值/（m/s）	平均值/（m/s）
1 号机组	187.2	5500～2800	4440	5 号机组	53.9	5710～1750	4270
2 号机组	134.5	5710～2020	4400	6 号机组	68.6	5330～2000	3890
3 号机组	63.6	5300～2130	4310	集水井	40.5	5200～2630	4670
4 号机组	79.8	5330～2580	4140	副厂房	17.8	5000～2500	4050

第二节　层间剪切带发育特征

一、空间分布特征

万家寨水利枢纽工程前期勘察期间，在坝址上、下游 300m 范围内，共发现层间剪切带有 12 条，一般厚 1～6cm，最厚达 15cm，连续延伸长度，长者达 20～30m，短者不足 10m，有的层间剪切带呈断续延伸，则分布范围较广，见表 5 - 7。施工基坑开挖后，两岸坝肩层间剪切带基本被挖除，已不复存在。

技施期在河床部位，共发现 10 条层间剪切带，自上而下编号为 SCJ01～SCJ10，其中 SCJ02～SCJ06 连通差，仅在 4～11 坝段局部分布，且在设计开挖线以上，已经被挖除。坝基内仍存在或局部存在有 SCJ01、SCJ07、SCJ08、SCJ09、SCJ10 共 5 条层间剪切带。

表 5 - 7　　　　　　　　　　　　层间剪切带地质特征说明

编号	地面出露高程/m	厚度/cm 一般厚度	厚度/cm 最大厚度	连通率（平洞）/%	起伏差/cm	岩层代号	岩性	地质描述
CJ$_1$	952.74	2.0～3.0	15	8.2	3～5	$\in_3 c$	薄层灰岩与薄层泥灰岩互层	右岸位于中Ⅰ线附近，延伸不远，呈断续分布，垂直河向一般延伸长度为 0.7～2.0m，最长为 2.1m，劈理发育，呈粉末状及鳞片状
	952.24	0.3～0.5	9	8.45	3～10	$\in_3 c$	薄层灰岩恶化薄层泥灰岩	右岸中Ⅰ线上、下游延伸不远，不连续，波状起伏，垂直河向一般延伸长度为 1.0～2.0m，最长 5.5m，多呈薄片状及粉末状，局部呈鳞片状
CJ$_2$	左岸 955.51～958.74	0.5～2.0	6	14.75	1～5	$\in_3 g^4$	薄层灰岩夹薄层泥灰岩	中Ⅰ坝线上游 95m 至中Ⅱ坝线下游 100m 均有分布，沿河向连续性尚好，街河向连续性较差，一般延伸长度为 0.8～2.5m，最长 9.2m，劈理发育，呈鳞片及薄片状

续表

| 编号 | 地面出露高程/m | 厚度/cm | | 连通率（平洞）/% | 起伏差/cm | 岩层代号 | 岩性 | 地质描述 |
		一般厚度	最大厚度					
CJ₃	953.51～963.77	0.5～2.0		6.5		$\in_3 g^4$	薄层灰岩与薄层泥灰岩互层	左岸中Ⅰ坝线上游50m至中Ⅱ坝线下80m均有分布，沿河向连续性尚好，垂直河向不甚连续，最大延伸长度为6.5m，劈理发育，呈鳞片状、灰黄、灰绿色，遇水崩解
	951.45～951.65	0.5～1.5		6.1		$\in_3 g^4$	薄层灰岩夹薄层泥灰岩	中Ⅰ坝线上、下游30～50m范围内，不甚连续，垂直河向最大延伸长度为3.7m，劈理发育，呈鳞片状、灰岩中可见扁豆体
CJ₄	左岸950.15～952.74	1.0～2.0	6	10.2		$\in_3 g^3$	薄层灰岩与薄层泥灰岩互层	左岸不连续，右岸较连续，垂直河向一般延伸长度为0.5～2.0m，最长5.9m，劈理发育，有切层现象，可见擦痕，磨光面，擦痕倾向NW，局部有泥化现象
	939.39～341.30	1.0～3.0		6.65	3～4	$\in_3 g^3$	薄层灰岩夹薄层泥灰岩	右岸中Ⅱ坝线上游80m至下游115m，连续性好，劈理发育，呈鳞片状及糜棱状，渗水处有泥化现象
	939.62～939.72	1.0～2.0		11.4		$\in_3 g^3$	中厚层灰岩夹薄层泥灰岩	右岸中Ⅱ坝线上游50m至下游390m，较连续，垂直河向一般延伸长度为0.7～3.5m，最长11m，劈理发育，呈鳞片状及糜棱状，遇水崩解，可见擦痕及磨光面，有切层现象
CJ₅	左岸941.69～945.93	0.2～3.0	9	6.55		$\in_3 g^2$	薄层灰岩夹薄层泥灰岩	两岸中Ⅰ坝线至中Ⅱ坝线下游60m，呈断续分布，垂直河向一般延伸长度为0.5～3.0m，最长7.0m，层间褶皱发育，起伏变化较大劈理发育，呈鳞片状，可见擦痕及磨光面
CJ₆	931.82	1.0～3.0	4	10.28	1～3	$\in_3 g^2$	薄层灰岩与薄层泥灰岩互层	左岸中Ⅱ坝线上游30m，至下游50m，呈断续分布，垂直河向一般延伸长度为0.5～2.6m，最长3.5m，劈理发育，呈薄片状，可见灰岩透镜体
	931.27	1.0～2.0		15.54	1～2	$\in_3 g^2$	砾状灰岩夹薄层泥灰岩	左岸中Ⅱ坝线上游30m，至下游50m，连续性较好，垂直河向最大延伸15.5m，呈薄片状，可见灰岩透镜体

续表

编号	地面出露高程/m	厚度/cm 一般厚度	厚度/cm 最大厚度	连通率（平洞）/%	起伏差/cm	岩层代号	岩性	地质描述
CJ₇	917.81	0.5~8.0		6.15	2~4	$\in_3 g^1$	薄层灰岩与薄层泥灰岩互层	左岸中Ⅱ坝线上游200~250m，断续分布，垂直河向一般伸长度为0.8~2.0m，最长3.0m，劈理发育，呈鳞片状及薄片状
CJ₇	911.65~917.81	5.0~15.0		11.9		$\in_3 g^1$	苤层灰岩夹薄层泥灰岩	左岸中Ⅰ坝线至中Ⅱ坝线下游250m，呈断续分布，垂直河向一般延伸长度为0.7~3.6m，最长5.8m，劈理发育，呈鳞片状渗水处局部有软化或泥化现象
CJ₈	901.20~917.06	3.0~13.0		20.3	2~6	$\in_2 z^6$	薄层泥灰岩夹薄层灰岩	左岸中Ⅰ坝线至下游清沟，分布稳定，起伏变化较大，劈理发育，呈鳞片状，节理发育，可见擦痕和磨光面
CJ₈	910.65~916.54	4.0~15.0		7.7	2~8	$\in_2 z^6$	薄层中厚层泥灰岩	左岸中Ⅰ坝线至下游数百米，断续分布，垂直河向延伸长度为2.0~3.5m，最长8.4m，劈理发育，呈鳞片状及碎块，节理发育，可擦痕，磨光面及皱现象
CJ₈	909.75~916.05	1.5~4.5	10	12.36	1~2	$\in_2 z^6$	薄层、中厚层泥灰岩夹灰岩	左岸中Ⅰ坝线至下游数百米，连续性好，垂直河向最大延伸长度为13.0m，劈理发育，呈鳞片状及碎片状，节理发育，可见擦痕及磨光面
CJ₉	左岸897.08~896.03	2.0~5.0				$\in_2 z^5$	薄层灰岩夹泥灰岩	分布不连续，多呈薄片状及碎块，局部呈鳞片状，见泥化现象
CJ₁₀	892.88！~892.63	2~5	5			$\in_2 z^5$	薄层灰岩夹泥灰岩	分布连续，岩石破碎，呈碎片状
CJ₁₁	左岸河床881.43~883.20，右岸868.25					$\in_2 z^4$	页岩、泥灰岩夹灰岩	分布不连续，在28个钻孔中有4个孔见到擦痕，磨光面和皱现象
CJ₁₂	887.09	3~5			0.1~0.5	$\in_2 z^4$	薄层灰岩夹泥灰岩条带	分布连续，为数层0.1~0.3cm泥灰岩岩屑，中部为夹泥层，厚0.1~0.2cm

（一）分布范围

坝基内存在或局部存在的各层间剪切带呈平行展布，其产状与岩层产状相近，总体走向为 NE30°～60°，倾向 NW（即倾向上游偏河流右岸），倾角 2°～3°。层间剪切带走向与坝轴线交角为 26 层间 56°。

SCJ01 层间剪切带：主要分布在河床 10 坝段以右坝基范围内，从基坑上游壁开挖断面观察呈连续分布。基础开挖后，基本被挖除，仅在 15 坝段甲块右侧、16 坝段、17 坝段甲块及 18 坝段、19 坝段尚有分布。

SCJ07 层间剪切带：根据基坑开挖、勘探点揭露和开挖过程中孔内声波测试层间剪切带空间分布（见图 5-6 和图 5-7），该剪切带在河床坝基范围内连续分布，推测将在坝下桩号 0+217 处靠近岸边位置出露地表。基坑开挖后，在河床左侧坝基 4～11 坝段，SCJ07 剪切带已经被挖除；在河床右侧坝基 12～19 坝段，仍保留在建基面以下；在泄流冲刷区 4 坝段护坦、A_1、B_1、B_4 防冲板部位，已被挖除，其余范围内仍保留在建基面以下。

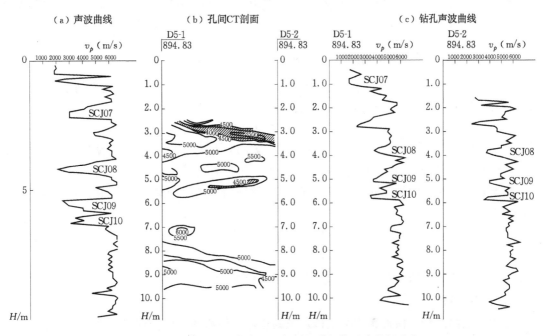

（a）声波曲线　　　　（b）孔间 CT 剖面　　　　　　　　（c）钻孔声波曲线

图 5-6　孔内及孔间声波测试各层间剪切带垂直位置分布

SCJ08 层间剪切带：在河床左侧坝基，根据物探成果推测分布范围有限。但是，其他勘探资料及开挖揭露情况说明连续性较好。在左侧坝基及护坦部位 4 个探井中有 3 个、8 个钻孔中有 7 个揭露该剪切带，在坝趾下游护坦基础试验洞、下游防冲齿槽、河床右侧坝下 0+038 开挖断面及右侧基坑左壁均见该剪切带连续较好。因此，总体判断 SCJ08 层间剪切带在坝基及护坦基础呈连续性分布。

SCJ09 层间剪切带：物探成果反映，该剪切带在河床坝基仅局部发育。在河床左侧坝基 4 个探井和 8 个钻孔中仅有 1 个探井（位于 6 坝段）和 1 个钻孔中有揭露，勘探点遇到的概率很低，在试验洞中仅在 4、5 坝段有分布，在右侧基坑左壁（导墙基础）仅见到小范围内有断续分布，在下游防冲齿槽开挖揭露有一定连续性，在坝下桩号 0+038 断面上

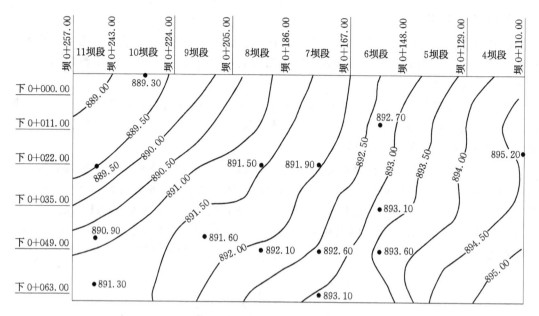

图5-7　SCJ07层间剪切带高程分布图（单位：m）

未见有分布。因此，判断SCJ09层间剪切带在主坝坝基仅4～6坝段有局部分布；在护坦、防冲板及导墙基础岩体内，也有一定分布。

SCJ10层间剪切带：据勘探点揭露及物探声波测试综合分析，该剪切带在河床左侧4～11坝段及泄流冲刷区范围内，相对连通率为70%左右（有剪切物质成分分布面积比率）；在河床右侧连通率呈降低趋势，在厂房集水井西侧壁已尖灭。

坝基岩体内保留的层间剪切带，在河床左侧将被下游防冲齿槽切断；在河床右侧被电站厂房截断。

河床右侧电站厂房及大坝丁块基础，开挖深度在21m以上，已进入张夏组第四层（$\epsilon_2 z^4$）3～4m，在建基面以下未发现有层间剪切带。

基坑开挖前后各层间剪切带空间分布情况见表5-8。

（二）厚度特征

根据开挖揭露和勘探揭露情况统计，坝基岩体内保留的各层间剪切带分布厚度有如下特征：

SCJ01：层间剪切带分布厚度为2～5cm，局部7～9cm，一般厚度4cm。

SCJ07：由左向右厚度逐渐变薄，4～14坝段相对较厚，一般厚度约5cm，最大厚度约为8cm，15坝段以右厚为2～3cm；护坦防冲板一般厚为4cm，最大厚度为6cm。

SCJ08：4～6坝段厚度一般为2～4cm，最厚达8cm；7～11坝段厚度一般为0.5～1.5cm；12、13坝段厚4～8cm，最厚达12cm；14坝段以右一般厚为0.2～0.5cm；护坦、防冲板部位一般厚为2～4cm，最厚达9cm。

SCJ09：在河床左侧，坝基4～6坝段厚度为0.5～5cm，一般厚约2cm；4、5坝段护坦防冲板部位，由于埋藏较浅，受浅部Z1号褶曲和风化作用影响，厚度多为7～12cm；6坝段以右，该剪切带相应位置未见剪切带组成物质，表现为层面或层面裂隙。

表 5-8			层间剪切带空间分布汇总表			
间距 /m	编号	基坑开挖前		基坑开挖后		发育层位
		分布高程/m	分布位置	建基面以下埋深/m	保留位置	
5.0	SCJ01	895.00~890.00	11~19 坝段	2.0~4.0	15~19 坝段	$\in_2 z^5$
	SCJ07	896.00~884.70	4~19 坝段	5.7~9.0	12~19 坝段	
2.3		895.70~891.30	护坦、防冲板	0~4.7	护坦、防冲板	
	SCJ08	893.00~882.50	4~19 坝段	1.0~11.3	5~19 坝段	
0.9~1.1		893.80~889.20	护坦、防冲板	1.5~7.0	护坦、防冲板	
	SCJ09	892.50~889.00	4~6 坝段局部	1.5~2.5	4~6 坝段局部	
0.7~0.9		890.50 以上	4、5 坝段护坦、导墙及付安装场、防冲板局部	<4.0	4、5 坝段护坦，局部防冲板	
	SCJ10	891.20~881.30	4~18 坝段	1.0~13	4~18 坝段	
		892.00~887.40	护坦、防冲板	3.0~8.8	护坦、防冲板	

SCJ10：河床左侧坝基厚 2~5cm，一般厚度为 3cm，河床右侧 12、13 坝段厚度约为 3cm，14 坝段以右多小于 2cm，一般厚度为 1cm；在护坦、防冲板部位一般厚度为 2~4cm，最大厚达 8cm。

（三）起伏特征

各层间剪切带在总体产状平缓的基础上，又不同程度地呈现复杂的波浪状形态分布，波峰、波谷总体走向与坝轴线相近。按规模，起伏变化可分为三级，较低一级起伏组成较高一级起伏，形似"复式褶皱"特点。其中一级起伏大（宏观上）波长长，依次减小至三级。据统计，一级起伏一般波长为 50~80m，起伏角为 2°~3°，波峰高 0.5~1.0m；二级起伏波长在几米至十余米，在一级起伏的基础上，平均起伏角为 2°左右，三级起伏即上、下界面或层面粗糙度多为 0.5~1.0cm。其中二级起伏各剪切带有所不同，分述如下。

SCJ01：二级起伏差多为 0.5~3cm，各坝段无明显差别。

SCJ07：二级起伏差多为 1~5cm，各坝段无明显差别。

SCJ08：二级起伏差多为 1~8cm，其中 5、6 坝段起伏较大，最大可达 20 余 cm。

SCJ09：据河床左侧试验洞揭露，该剪切带在 4 坝段二级起伏差为 3~5cm，5 坝段二级起伏差为 12~28cm；基坑其他部位无明显起伏。

SCJ10：二级起伏差多为 2~8cm；据试验洞统计，在 4、5 坝段顺洞向起伏较大，其中 4 坝段最大可达 12cm，5 坝段最大起伏差为 30cm；主要是受 Z1 号褶曲产状影响。

各层间剪切带二级起伏差情况见表 5-9。

表 5 - 9 层间剪切带二级起伏统计

剪切带编号	起伏角 α/(°)	波长 /m	起伏差 /cm	统计位置		剪切带编号	起伏角 α/(°)	波长 /m	起伏差 /cm	统计位置	
SCJ07	2.86	4.0	10.0	6坝段	防冲齿槽	SCJ08	1.72	2.0	3.0	5坝段	防冲齿槽
	1.15	3.0	3.0	7坝段			2.06	5.0	9.0	6坝段	
	2.10	6.0	11.0				4.00	4.0	14.0		
	1.15	6.0	6.0				2.86	8.0	20.0		
	1.83	2.5	4.0				4.19	6.0	22.0		
	1.41	6.5	8.0				3.24	6.0	17.0	7坝段	
	1.15	5.0	5.0	8、9坝段			2.29	9.0	18.0		
	1.80	7.0	11.0				1.34	6.0	7.0		
最大值	2.86	7.0	11.0				0.76	3.0	2.0		
最小值	1.15	2.5	3.0				1.15	3.0	3.0	8坝段	
平均值	1.68	5.0	7.3				1.15	4.0	4.0		
SCJ08	2.00	8.0	14.0	5坝段	试验洞		1.63	6.0	8.0		
	2.20	5.2	10.0	6坝段			1.72	4.0	6.0		
	1.53	4.5	6.0	9坝段			0.76	3.0	2.0		
	2.29	2.0	4.0				2.29	2.0	4.0		
	0.98	3.5	3.0				3.89	5.0	17.0		
	2.73	2.1	5.0	10坝段		最大值	4.19	10.0	22.0		
	1.15	4.0	4.0			最小值	0.57	2.0	2.0		
	1.53	6.0	8.0	4坝段	防冲齿槽	平均值	1.91	4.8	8.3		
	1.72	2.0	3.0			SCJ09	1.02	4.5	4.0	4坝段	试验洞
	3.27	3.5	10.0				2.99	4.6	12.0	5坝段	
	2.50	5.5	12.0				6.39	5.0	28.0		
	1.91	3.0	5.0				1.87	11.0	18.0		
	1.91	6.0	10.0				2.00	4.0	7.0	4坝段	防冲齿槽
	0.57	4.0	2.0				1.15	10.0	10.0		
	1.76	6.5	10.0				1.72	4.0	6.0		
	1.95	10.0	17.0				1.15	4.0	4.0		
	1.37	5.0	6.0				1.31	7.0	8.0		
	1.15	3.0	3.0	5坝段			1.45	6.3	8.0	5坝段	
	1.26	10.0	11.0				1.72	8.0	12.0		
	0.76	3.0	2.0				3.66	5.0	16.0		
	1.34	6.0	7.0				1.78	1.5	7.0		

续表

剪切带编号	起伏角 α/(°)	波长 /m	起伏差 /cm	统计位置		剪切带编号	起伏角 α/(°)	波长 /m	起伏差 /cm	统计位置	
SCJ09	1.53	3.0	4.0	5 坝段	防冲齿槽	SCJ10	1.02	9.0	8.0	4 坝段	防冲齿槽
	0.86	4.0	3.0	6 坝段			1.78	4.5	7.0	5 坝段	
	0.86	4.0	3.0				1.15	6.0	6.0		
	0.76	3.0	2.0				1.40	9.0	11.0		
	1.15	4.0	4.0				1.15	3.0	3.0		
	0.78	7.3	5.0				1.72	6.0	9.0		
	1.15	5.0	5.0	7 坝段			3.43	6.0	18.0	6 坝段	
	1.91	6.0	10.0				1.47	7.0	9.0		
	2.29	3.0	6.0				2.29	2.0	4.0		
	1.83	5.0	8.0				3.27	3.5	10.0		
	1.86	8.0	13.0				4.57	3.0	12.0		
	2.13	7.0	13.0				2.29	2.5	5.0		
	2.29	5.0	10.0	8 坝段			1.64	7.0	10.0		
	2.62	7.0	16.0				1.53	3.0	4.0		
最大值	6.39	11.0	28.0				1.37	5.0	6.0	7 坝段	
最小值	0.76	3.0	2.0				2.48	6.0	13.0		
平均值	1.86	5.5	9.0				1.34	6.0	7.0		
SCJ10	3.27	1.40	4.0	4、5 坝段	试验洞		1.37	2.5	3.0		
	1.43	1.60	2.0				1.15	4.0	4.0	8 坝段	
	2.75	5.00	12.0				0.76	3.0	2.0		
	1.54	5.20	7.0				1.37	6.0	6.0		
	2.29	15.00	30.0				4.47	4.6	18.0		
	0.89	9.0	7.0	4 坝段	防冲齿槽	最大值	4.57	15.0	30.0		
	0.69	6.6	4.0			最小值	0.69	1.4	2.0		
	3.18	10.8	30.0			平均值	1.97	5.4	9.0		

二、结构特征及物质组成

(一)结构特征

层间剪切带由多层薄层组成，有明显的分带性，按其破坏程度，可概括为三种类型，即节理裂隙带、劈理带、泥化带。

节理裂隙带：呈片状、块状，原岩内部结构遭到轻微破坏。

劈理带：呈碎片、碎屑状，排列方向与上下岩层呈小角度相交或平行，局部排列无序。

泥化带：受错动影响最强烈，呈较连续的岩屑泥、泥质薄膜及泥质团块。泥质物中黏粒含量一般为 19%～42.5%。

不同层间剪切带结构特征有其相似性，主要表现为：多以二元结构或单元结构为主，但是，在具体结构组成上又表现出极大的不均匀性。各层间剪切带结构特征及泥化带连通情况见表 5-10，坝基主要层间剪切带结构组成见图 5-8。

表 5-10　　　　　　　　坝基各层间剪切带结构特征及泥化带占比情况汇总

统计位置		剪切带编号	占比%				说明
			一元结构	二元结构	三元结构	泥化带	
河床左侧	4～11坝段基坑	SCJ07	0	85	15	15	1. 二元结构为节理带与劈理带并存。2. 三元结构为节理带、劈理带、泥化带并存
		SCJ08	0	100	0	0	
		SCJ09	0	100	0	0	
		SCJ10	0	100	0	0	
	试验洞	SCJ08	69.8	14.7	0	6.9	1. 一元结构为节理带、劈理带或泥化带。2. 二元结构为节理带与劈理带并存，其中SCJ09局部为节理带与泥化带并存。3. 其中层面裂隙类分别占剪切带统计长度的15.5%、80.2%、15.8%
		SCJ09	13.6	6.2	0	2.5	
		SCJ10	57	27.2	0	0	
河床右侧	13～15坝段	SCJ01	59.17	40.83	0	40.83	1. 一元结构为节理带或劈理带。2. 二元结构除SCJ01为节理带与泥化带外，均为节理带与劈理带。3. 三元结构为三带并存
	12～17坝段	SCJ07	78.2	20.3	4.5	4.5	
	12～17坝段	SCJ08	83.6	16.4	0	0	
	12～13坝段	SCJ10	76.6	21	2.3	2.3	

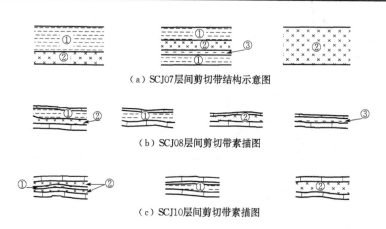

（a）SCJ07层间剪切带结构示意图

（b）SCJ08层间剪切带素描图

（c）SCJ10层间剪切带素描图

①—节理带；②—劈理带；③—泥化带

图 5-8　坝基主要层间剪切带结构组成示意图

（二）物质组成

层间剪切带物质主要由泥灰岩和薄层灰岩岩块、岩片及少量岩屑泥组成，结合紧密。其中岩屑泥主要分布在泥化带或呈团块状充填于性状较差的劈理带内。同一条剪切带，由河床左侧向右侧泥质含量明显降低。在河床左侧，根据基坑开挖揭露统计，SCJ07层间剪切带岩屑泥含量约为15%；由探井、平洞、钻孔、防冲齿槽等勘探点反映，在其分布范围内，SCJ08、SCJ09、SCJ10层间剪切带岩屑泥含量均在10%以内。河床右侧，根据基坑开挖揭露情况统计，SCJ07～SCJ10泥质含量不超过5%，SCJ01剪切带泥质含量约为40%。

三、发育规律与分类

(一) 发育规律

通过对坝基内各层间剪切带的测绘、开挖揭露、钻探岩芯、孔内录像观察和地面物探、孔内与孔间物探测试以及试验研究，坝区层间剪切带的发育有如下规律：

（1）剪切带发育地层以薄层泥灰岩为主，其上、下岩层多为较坚硬且厚度变化较大的鲕状灰岩。剪切带组成物质主要为节理、劈理化形成的岩石薄片、岩块及岩屑，部分含有泥质物，多表现为泥质团块、条带或泥膜。

（2）层间剪切带均为顺层发育，产状与上、下岩层产状大致相同。

（3）同一剪切带自左至右，厚度逐渐变薄，泥质含量逐渐减少，SCJ08、SCJ10在河床右侧坝基，基本不含泥质物。

（4）自上而下，各剪切带岩屑泥含量逐渐减少，即SCJ01泥质含量最高，SCJ07次之，SCJ08、SCJ10分布相距较近，剪切带性状相似，含泥化物最少。

（5）层间剪切带矿物成分稳定，黏土矿物不具膨胀性，水溶盐含量很少，物理力学性质相对稳定性较好。

(二) 工程地质分类

1. 类型

由于软弱结构面问题非常复杂，软弱结构面的分类存在多种方法，比较常见的是成因分类、结合特征分类和物质组成分类，他们从不同侧面反映了结构面的特征，但这些单一因素的分类，总是难以系统表述软弱结构面的全貌。万家寨水利枢纽工程按层间剪切带的物质组成和结构特征，将坝基岩体层间剪切带大致分为岩屑夹泥型、碎块（片）与碎屑型和硬性结构面三种类型、五种类别。

（1）岩屑夹泥型。Ⅰ类：含泥化带类。

（2）碎块（片）与碎屑型。Ⅱ类：性状较差劈理带类；Ⅲ类：性状较好劈理带类。

（3）硬性结构面型。Ⅳ类：节理带类；Ⅴ类：层面及层面裂隙类。

2. 分类原则

Ⅰ含泥化带类。剪切带多为二元、三元结构，其中泥化带成层发育，厚度在0.3mm以上，组成物质为岩屑泥。

Ⅱ性状较差的劈理带类。剪切带为单元或二元结构，其中劈理带内物质呈多薄层片状或碎块状，并夹有岩屑及团块状岩屑泥。

Ⅲ性状较好的劈理带类。剪切带呈单无或二元结构，其中劈理带内物质组成为泥灰岩、灰岩薄片及碎块，基本不含岩屑、岩粉。

Ⅳ节理带类。剪切带呈单元结构，节理发育，泥灰岩、灰岩呈薄层状，内部结构未遭破坏。

坝基不同部位层间剪切带素描图见图5-9，坝基各层间剪切带分类情况见表5-11。

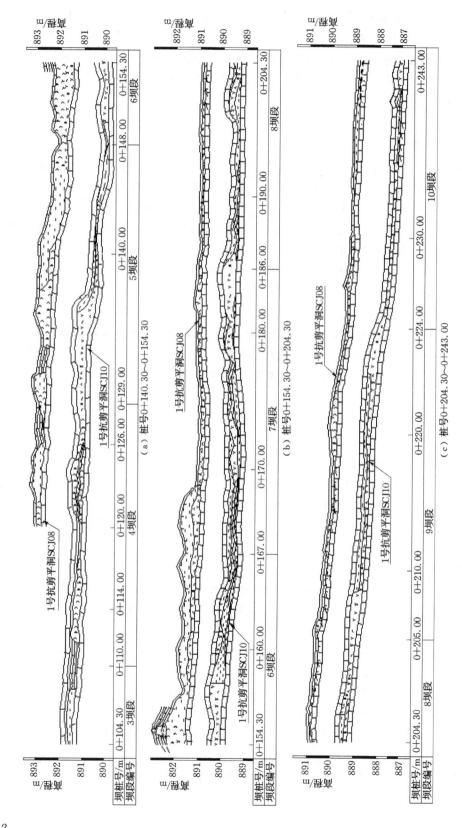

图 5-9　坝基不同部位层间剪切带素描图

表 5-11　　坝基层间剪切带分类情况

统计位置	剪切带编号	坝段编号	统计长度/m	碎屑夹泥型 Ⅰ含泥化带类 长度/m	百分比/%	碎块(片)与碎屑型 Ⅱ性状较差劈理带类 长度/m	百分比/%	Ⅲ性状较好劈理带类 长度/m	百分比/%	硬性结构面型 Ⅳ节理带类 长度/m	百分比/%	Ⅴ层面及层面裂隙类 长度/m	百分比/%
1号抗剪平洞下游壁	SCJ08	4	9.0	0	0	3.0	33.3	0	0	4.8	53.3	1.2	13.3
		5	19.0	0	0	10.8	56.8	0	0	6.35	33.4	1.85	9.7
		6	20.0	0	0	7.5	37.5	9.5	47.5	3.0	15.0	0	0
		7	21.0	4.5	21.4	11.5	54.8	5.0	23.8	0	0	0	0
		8	22.1	3.5	15.8	12.0	54.3	0	0	0	0	6.6	29.9
		9	23.35	0.4	1.7	1.5	6.4	12.05	51.6	0	0	9.4	40.3
		10	19.55	3.0	15.4	1.0	15.3	5.75	29.4	7.0	35.8	2.8	14.3
		合计	134.0	11.4	8.5	47.3	35.3	32.3	24.1	21.15	15.8	21.85	16.3
	SCJ09	4	9.0	3.1	34.4	3.2	35.6	0	0	2.7	30.0		
		5	19.0	0	0	4.7	24.7	8.2	43.2	6.1	32.1	0	0
		6	19.0	0	0	0	0	5.0	26.3	0	0	14.0	73.7
		7~10	87.0									87.0	100
		合计	134.0	3.1	2.3	7.9	5.9	13.2	9.8	8.8	6.6	101	75.4
	SCJ10	3	5.75	0	0	0	0	0	0	4.1	71.3	1.65	28.7
		4	19.25	0	0	13.9	72.2	1.8	9.4	0	0	3.55	18.4
		5	19.0	0	0	16.8	88.4	0	0	2.2	11.6	0	0
		6	20.0	8.2	41.0	4.2	21.0	6.3	38.3	1.3	6.5	0	0
		7	20.9	11.0	52.6	1.9	9.1	8.0	38.3	0	0	0	0
		8	22.7	1.2	5.3	17.7	78.0	0	0	3.8	6.7	0	0
		9	22.75	0	0	19.75	86.8	3.0	13.2	0	0	0	0
		10	19.65	0	0	1.25	6.4	14.2	72.2	0	0	4.2	21.4
		合计	150.0	20.4	13.6	75.5	50.3	33.3	22.2	11.4	7.6	9.4	6.3
1号抗剪平洞支洞右壁	SCJ08	7	16.5	0	0	4.5	27.3	0	0	12.0	72.7	0	0
		8	19.0	0	0	0	0	10.5	55.2	8.5	44.7	0	0
		9	19.0	0	0	0	0	0	0	13.5	71.1	5.5	28.9
		10	19.0	0	0	0	0	0	0	14.5	76.3	4.5	23.7
		合计	73.5	0	0	4.5	6.1	10.5	14.3	48.5	66.0	10.0	13.6
	SCJ10	5	8.0	0	0	2.0	25	4.0	50.0	2.0	25	0	0
		7	16.5	0	0	0	0	0	0	16.5	100	0	0
		8	19.0	0	0	8.5	44.7	0	0	10.5	55.3	0	0
		9	19.0	0	0	12.9	67.9	0	0	6.1	32.1	0	0
		10	19.0	0	0	9.1	47.9	1.4	7.4	8.5	44.7	0	0
		合计	81.5	0	0	32.5	39.9	5.4	6.6	43.6	53.5	0	0

统计位置	剪切带编号	坝段编号	统计长度/m	碎屑夹泥型		碎块（片）与碎屑型				硬性结构面型			
				Ⅰ含泥化带类		Ⅱ性状较差劈理带类		Ⅲ性状较好劈理带类		Ⅳ节理带类		Ⅴ层面及层面裂隙类	
				长度/m	百分比/%	长度/m	百分比/%	长度/m	百分比/%	长度/m	百分比/%	长度/m	百分比/%
2号抗剪平洞下游壁	SCJ08	6	18.5	0	0	0	0	0	0	18.5	100	0	0
		7	15.0	0	0	0	0	0	0	15.0	100	0	0
		8	19.0	0	0	0	0	0	0	19.0	100	0	0
		9	19.0	0	0	0	0	0	0	19.0	100	0	0
		10	19.0	0	0	2.0	10.5	0	0	17.0	89.5	0	0
		合计	90.5	0	0	2.0	2.2	0	0	88.5	97.8	0	0
	SCJ10	3	11.0	0	0	0	0	0	0	3.0	27.3	8.0	72.7
		4	15.0	2.5	16.7	0	0	1.0	6.6	4.5	30.0	7.0	46.7
		5	15.0	0	0	10.7	71.3	0	0	4.3	28.7	0	0
		6	19.0	0	0	0	0	0	0	19.0	100	0	0
		7	15.0	1.0	6.7	2.0	13.3	0	0	12.0	80.0	0	0
		8	19.0	10.5	55.3	0	0	0	0	8.5	44.7	0	0
		9	19.0	1	0	0	0	0	0	19.0	100	0	0
		10	19.0	0	0	0	0	0	0	19.0	100	0	0
		合计	132.0	14.0	10.6	12.7	9.6	1.0	0.8	89.3	67.6	15.0	11.4
2号抗剪平洞支洞右壁	SCJ08	6	16.0	0	0	0	0	0	0	16.0	100	0	0
		7	16.0	0	0	0	0	0	0	16.0	100	0	0
		合计	32.0	0	0	0	0	0	0	32.0	100	0	0
	SCJ10	6	16.0	15.3	95.6	0	0	0	0	0.7	4.4	0	0
		7	16.0	1.0	6.3	1.8	11.2	0	0	13.2	82.5	0	0
		合计	32.0	16.3	50.9	1.8	5.6	0	0	13.9	43.8	0	0
3号抗剪平洞下游壁	SCJ08	5	2.0	0	0	0	0	0	0	2.0	100	0	0
		6	15.0	0	0	0	0	0	0	15.0	100	0	0
		7	15.0	0	0	0	0	0	0	15.0	100	0	0
		8	19.0	0	0	0	0	0	0	19.0	100	0	0
		9	19.0	0	0	0	0	0	0	19.0	100	0	0
		合计	70.0	0	0	0	0	0	0	70.0	100	0	0

续表

统计位置	剪切带编号	坝段编号	统计长度/m	碎屑夹泥型 Ⅰ含泥化带类 长度/m	碎屑夹泥型 Ⅰ含泥化带类 百分比/%	碎块(片)与碎屑型 Ⅱ性状较差劈理带类 长度/m	碎块(片)与碎屑型 Ⅱ性状较差劈理带类 百分比/%	碎块(片)与碎屑型 Ⅲ性状较好劈理带类 长度/m	碎块(片)与碎屑型 Ⅲ性状较好劈理带类 百分比/%	硬性结构面型 Ⅳ节理带类 长度/m	硬性结构面型 Ⅳ节理带类 百分比/%	硬性结构面型 Ⅴ层面及层面裂隙类 长度/m	硬性结构面型 Ⅴ层面及层面裂隙类 百分比/%
3号抗剪平洞下游壁	SCJ10	3	8.0	0	0	0	0	0	0	3.0	37.5	5.0	65.2
		4	19.0	0	0	0	0	0	0	19.0	100	0	0
		5	19.0	5.0	26.3	0	0	0	0	14.0	73.7	0	0
		6	15.0	7.56	50.0	0	0	0	0	7.5	50.0	0	0
		7	15.0	9.0	60.0	0	0	0	0	6.0	40.0	0	0
		8	19.0	0	0	0	0	0	0	19.0	100	0	0
		9	19.0	2.3	12.1	0	0	0	0	16.7	87.9	0	0
		合计	114.0	23.8	20.9	0	0	0	0	85.3	74.7	5.0	4.4
3号抗剪平洞支洞右壁	SCJ08	6	10.0	0	0	0	0	0	0	10.0	100	0	0
		7	10.0	0	0	0	0	0	0	10.0	100	0	0
		8	10.0	0	0	0	0	0	0	10.0	100	0	0
		合计	30.0	0	0	0	0	0	0	30	100	0	00
	SCJ10	4	10.0	0	0	0	0	0	0	10.0	100	0	0
		5	16.0	0	0	0	0	0	0	14.0	87.5	2.0	12.5
		7	10.0	0	0	0	0	0	0	10.0	100	0	0
		8	10.0	4.0	40.0	0	0	0	0	6.0	60.0	0	0
		合计	46.0	4.0	8.7	0	0	0	0	40.0	87.0	2.0	4.3
坝基试验洞上游壁	SCJ10	4	11.5	0	0	0	0	1.0	8.7	2.5	21.7	8.0	69.6
		5	19.0	0	0	0	0	6.0	31.6	13.0	68.4	0	0
		6	4.5	0	0	0	0	0	0	45.0	100	0	0
		合计	35.0	0	0	0	0	7.0	20.0	20.0	57.1	8.0	22.9

第三节　层间剪切带物理力学性质

一、物理化学试验

坝基岩体内保留的各层间剪切带的泥质物成分近似，基坑形成后，分别自河床左、右侧取样，进行了颗粒分析、矿物及化学分析，试验成果见表5-12～表5-17。

由试验成果可知：岩屑泥即为岩屑、岩粉、粉土（或重壤土～黏土）混合物。主要矿物是方解石、伊利石，水理性质表现为遇水后均不具膨胀性；化学成分以 SiO_2、CaO、Al_2O_3、K_2O 为主，阴、阳离子含量均不高，它表明水溶盐含量很低，水化学作用很弱，对层间剪切带物理化学性质及物理力学性质的相对稳定性影响不大。

表 5-12　　　　　　　　　　河床左侧坝基层间剪切带泥质物土工试验成果

土样编号	土粒比重	流限/%	塑限/%	塑性指数	土粒组成/%							
					砂粒						粉粒	黏粒
					2.0～1.0mm	1.0～0.5mm	0.5～0.25mm	0.25～0.1mm	0.1～0.075mm	0.075～0.05mm	0.05～0.005mm	<0.005mm
SCJ07-1	2.74	31.8	16.8	15.0	4.9	4.9	1.8	2.4	3.5	3.7	36.3	42.5
SCJ07-4	—	24.8	15.2	9.6	18.9	12.9	4.0	5.1	5.6	3.5	24.2	25.8
SCJ08-1	2.75	23.4	15.0	8.4	6.1	9.5	4.3	5.2	7.0	9.9	34.2	23.8
SCJ08-4	2.74	29.8	16.8	13.0	7.6	5.8	2.0	3.1	3.0	4.8	31.6	42.1
SCJ07-3	2.73	28.8	17.6	11.2	9.8	12.9	6.2	9.7	7.7	5.1	22.3	26.3
SCJ07-2	—	—	—	—	15.4	15.9	6.6	7.3	6.5	5.3	24.0	19.0

表 5-13　　　　　　　　　　河床右侧坝基层间剪切带泥质物土工试验成果

取样编号	取样地点	结构	颗粒组成/%						黏土矿物<0.002mm			液限/%	塑限/%	塑性指数	比重
			>0.25mm	0.25～0.1mm	0.1～0.05mm	0.05～0.01mm	0.01～0.005mm	<0.005mm	伊利石/%	蒙脱石/%	高岭石				
SCJ1-1	14甲	三元	0.83	19.11	23.96	17.20	12.80	26.10	4.39	痕迹	—	22.0	16.2	5.8	2.78
SCJ1-2	14甲	三元	—	4.42	32.68	17.60	12.40	32.90	7.73	痕迹	—	26.5	18.5	8.0	2.77
SCJ7-1	12丙	二元	1.94	19.61	40.35	3.20	5.2	29.7	9.07	痕迹	—	21.5	13.5	8.0	2.75
SCJ8-1	13丙	三元	0.13	11.32	30.45	11.20	12.40	34.50	9.33	痕迹	—	25	13.5	11.5	2.77
SCJ10-1	12丙	二元	—	6.36	25.54	26	11.20	30.90	8.93	痕迹	—	27	13.5	13.5	2.76

表 5-14　　　　　　　　　　河床左侧坝基层间剪切带泥质物矿物分析成果

样品编号	碎屑矿物	黏土矿物相对含量/%	
		水云母	绿泥石
SCJ07-1	方解石为主，石英为次，透长石少量	83	17
SCJ07-3	石英为主，透长石为次，方解石少量	83	17

续表

样品编号	碎屑矿物	黏土矿物相对含量/%	
		水云母	绿泥石
SCJ07-4	方解石、石英、透长石三者含量基本相等	82	18
SCJ08-1	方解石为主，石英为次，透长石少量	81	19
SCJ08-2	方解石为主，石英为次，透长石少量	83	17
SCJ08-3	方解石为主，石英为次，透长石少量	83	17

表 5-15　　　　　　　　　　河床左侧坝基层间剪切带泥质物化学分析成果

送样号	化学成分/%												
	SiO_2	Al_2O_3	TiO_2	Fe_2O_3	FeO	CaO	MgO	MnO	Na_2O	K_2O	P_2O_5	烧失量	水溶盐
SCJ7-1	35.42	9.71	0.40	2.07	1.67	22.25	2.39	0.06	0.14	5.55	0.31	19.63	0.15
SCJ7-4	50.80	13.84	0.61	3.49	2.33	7.70	3.06	0.03	0.18	7.80	0.46	9.09	0.23
SCJ8-1	32.02	8.45	0.38	1.81	2.42	25.08	2.44	0.06	0.30	4.60	0.11	21.90	0.19
SCJ8-4	39.51	10.89	0.43	1.97	1.87	19.14	2.35	0.07	0.16	6.10	0.39	17.00	0.17
SCJ7-3	58.88	16.84	0.66	2.96	1.39	1.54	2.70	0.03	0.21	9.00	0.11	4.95	0.34
SCJ8-2	23.40	6.68	0.30	1.10	1.87	32.97	1.64	0.07	0.10	3.90	0.08	27.76	0.17

表 5-16　　　　　　　　　　河床右侧坝基层间剪切带泥质物化学分析成果

取样编号	取样地点	结构	化学成分/%												
			SiO_2	TiO_2	Fe_2O_3	Al_2O_3	FeO	MnO	MgO	CaO	Na_2O	K_2O	P_2O_5	烧失量	总计
SCJ01-1	14甲	三元	19.10	0.36	1.66	7.43	0.65	0.06	2.39	37.20	0.20	3.38	0.09	27.23	99.75
SCJ01-2	14甲	三元	26.75	0.43	2.11	10.63	0.98	0.06	2.61	29.50	0.30	4.43	0.13	21.96	99.89
SCJ07-1	12丙	二元	31.75	0.47	3.39	11.46	1.10	0.04	2.90	23.00	0.23	5.20	0.28	19.90	99.72
SCJ08-1	13丙	三元	31.47	0.63	2.40	12.68	1.89	0.06	2.48	23.85	0.25	5.35	0.09	19.10	99.75
SCJ10-1	12丙	二元	35.18	0.45	4.32	12.69	1.01	0.09	4.89	16.35	0.23	5.15	0.57	18.75	99.68
SCJ08-2	12丙	单元	41.12	0.79	2.24	15.63	0.68	0.05	2.00	14.00	0.26	7.66	0.14	13.94	99.74
SCJ10-2	15丙	单元	21.23	0.31	5.92	8.96	1.69	0.10	5.57	27.00	0.16	3.77	0.50	24.41	99.71
SCJ07-2	17丙	单元	53.09	0.72	3.66	17.27	1.39	0.04	2.75	3.90	0.25	8.36	0.35	7.94	99.72
SCJ08-3	16丙	二元	27.41	0.54	2.83	12.40	0.89	0.06	2.37	25.85	0.20	5.65	0.09	21.42	99.71
SCJ07-3	17丙	单元	47.70	0.27	4.41	14.91	1.36	0.04	3.48	8.35	0.20	7.90	0.29	10.73	99.64

表 5-17　　　　　　　　　　　　坝基层间剪切带泥质物离子含量分析成果

取样编号	取样地点	名称	结构	阳离子				阴离子				pH值	干涸残渣（mg当量/100g）
				离子	mg当量/100g	mg/100g	mg当量/%	离子	mg当量/100g	mg/100g	mg当量/%		
SCJ01-1	14甲	岩屑泥	三元	Ca^{2+}	0.65	13.12	47.10	HCO_3^-	0.67	41.01	48.55	6.90	104.56
				Mg^{2+}	0.22	2.65	15.94	CO_3^{2-}	0.03	1.03	2.17		
				Na^+	0.20	4.67	14.49	SO_4^{2-}	0.29	13.93	21.01		
				K^+	0.31	14.20	22.46	Cl^-	0.39	13.93	28.26		
				总量	1.38	34.64	99.99	总量	1.38	69.92	99.99		
SCJ01-2	14甲	岩屑泥	三元	Ca^{2+}	0.72	14.34	5.18	HCO_3^-	0.76	46.40	56.3	6.7	100.87
				Mg^{2+}	0.26	3.18	18.7	CO_3^{2-}					
				Na^+	0.21	4.90	15.1	SO_4^{2-}	0.24	11.53	17.8		
				K^+	0.20	7.97	14.4	Cl^-	0.35	12.55	25.9		
				总量	1.39	30.39	100	总量	1.35	70.48	100		
SCJ07-1	12丙	岩屑	二元	Ca^{2+}	0.76	15.22	41.08	HCO_3^-	0.67	41.01	36.02	7.10	137.47
				Mg^{2+}	0.22	2.65	11.89	CO_3^{2-}	0.04	1.06	2.15		
				Na^+	0.41	9.49	22.16	SO_4^{2-}	0.74	35.54	39.78		
				K^+	0.46	47.85	24.86	Cl^-	0.41	14.65	22.04		
				总量	1.85	45.21	99.99	总量	1.86	92.26	99.99		
SCJ10-1	12丙	岩屑	二元	Ca^{2+}	0.81	16.18	40.10	HCO_3^-	0.85	51.80	42.08	7.00	256.57
				Mg^{2+}	0.31	3.82	15.35	CO_3^{2-}	0.03	1.03	1.49		
				Na^+	0.39	9.05	19.31	SO_4^{2-}	0.83	39.86	41.09		
				K^+	0.51	49.92	25.25	Cl^-	0.31	11.16	15.35		
				总量	2.02	48.97	100.01	总量	2.02	103.85	100.01		
SCJ08-1	13丙	岩屑	三元	Ca^{2+}	0.74	14.87	39.15	HCO_3^-	0.74	45.33	39.78	6.70	143.46
				Mg^{2+}	0.22	2.65	11.64	CO_3^{2-}					
				Na^+	0.32	7.42	16.93	SO_4^{2-}	0.77	36.98	41.10		
				K^+	0.61	23.66	32.28	Cl^-	0.35	12.55	18.80		
				总量	1.89	48.60	100	总量	1.86	94.86	100		

二、力学试验

（一）抗剪强度试验

万家寨水利枢纽工程基坑开挖后，重点针对坝基下层间剪切带进行了5次中型、大型抗剪强度试验，完成试验工作量见表5-18。

表 5-18   历次层间剪切带抗剪试验完成工作量

剪切带编号	组（块）数	试验类型	试验时间	取样位置
SCJ07				
SCJ08	9 组	室内重塑中型剪试验	1995 年	河床左侧坝基
SCJ09				
SCJ07				河床右侧坝基下
SCJ08	45 块	中型剪试验	1996 年	0+38 断面人工刻
SCJ10				槽取样
SCJ01				
SCJ07				
SCJ08	46 块	中型剪试验	1997 年	12、17 坝段主
SCJ09				廊道，钻孔取样
SCJ10				
SCJ09	61 块	大型剪试验		
SCJ10			1998—1999 年	3、5、6 坝段
SCJ08	41 块	中型剪试验		坝基试验洞
SCJ10				
SCJ10	3 组	大型剪试验		4～10 坝段
SCJ08			2000 年	主廊道及第一、
SCJ10	16 组	中型剪试验		第二基础排水廊道

　　第一次试验，1995 年在河床左侧基坑共取 9 组 SCJ07、SCJ08、SCJ09 层间剪切带扰动样，做了泥质物室内重塑样中型剪试验，试验成果见表 5-19。重塑样室内抗剪试验由于人为地制造了剪切面的连续泥膜，因而试验结果偏低。

表 5-19   第一次河床左侧坝基层间剪切带重塑样室内抗剪试验成果

编号	SCJ07-1	SCJ07-2	SCJ07-3	SCJ07-4	SCJ09-1	SCJ08-1	SCJ08-2	SCJ08-3	SCJ08-4
岩性	泥夹碎屑	泥夹碎屑	碎石、碎片	碎石、碎片	碎石、碎片	泥夹碎屑	碎石、碎片	碎石、碎片	泥夹碎屑
c'/kPa	55	80	30	40	38	85	40	35	65
f'	0.34	0.32	0.53	0.51	0.54	0.32	0.53	0.51	0.32
含水率/%	26.4	24.41							

注　含水量为试验前测定。

　　第二、第三次试验在河床右侧，分水泥灌浆前、后，于 1996 年、1997 年分别自基坑和钻孔采取层间剪切带样品（灌前 45 块、灌后 46 块），进行了现场中型抗剪试验。1996年是在河床右侧坝基下桩号 0+038 处开挖断面，用人工刻槽法取原状岩块。1997 年取样是在 12、17 坝段帷幕灌浆廊道，完成灌浆 1～6 个月后用钻机取样，钻具为 150mm 双管

（内加衬皮）单动金刚石钻头钻具，取岩芯直径约 120mm。这两次试验无论是基坑刻槽法取样，还是钻孔取样，均是在解除了三维应力状态下，先进行饱和，再进行试验。试验成果见表 5－20。由于水泥灌浆后所取层间剪切带岩样，仅在一块样品中见到少量水泥浆液，其余 45 块岩样均未见到水泥浆液或水泥结石，因此，剪切带岩样基本没有受到水泥灌浆的影响，两次试验成果相近。

表 5－20　　　　　第二、第三次河床右侧坝基层间剪切带现场中型抗剪试验

剪切带编号	类型	抗剪强度指标							
		水泥灌浆前（1996 年）				水泥灌浆后（1997 年）			
		f'	c'/MPa	f	c/MPa	f'	c'/MPa	f	c/MPa
SCJ01	Ⅱ					0.61	0.09	0.52	0.04
	Ⅲ					0.63	0.11	0.54	0.05
	Ⅳ					0.73	0.16	0.62	0.05
SCJ07	Ⅱ	0.6	0.08	0.53	0.03	0.61	0.05		
	Ⅲ	0.7	0.14	0.6	0.06	0.71	0.11	0.61	0.03
	Ⅳ	0.62	0.12	0.55	0.04	0.63	0.15	0.57	0.02
	Ⅴ					0.72	0.25	0.61	0.05
SCJ08	Ⅱ	0.62	0.13	0.55	0.07				
	Ⅲ	0.63	0.14	0.58	0.08	0.63	0.09	0.56	0.03
	Ⅳ	0.73	0.2～0.32	0.6	0.09	0.62	0.11	0.54	0.03
	Ⅴ					0.71	0.3	0.6	0.04
SCJ09	Ⅴ					0.74	0.22	0.62	0.05
SCJ10	Ⅱ	0.65	0.15	0.62	0.09				
	Ⅲ	0.64	0.12	0.6	0.07				
	Ⅳ	0.64	0.09	0.6	0.05				
	Ⅴ	1.11～1.19	0.34～0.40			0.74	0.35	0.63	0.04

注　Ⅱ为多薄层，岩片破碎，层面较平直，夹层中无岩屑、岩粉，属性状较差劈理带类；
　　Ⅲ为多薄层，岩片破碎，层面较平直，夹层中无岩屑、岩粉，属性状好理带类；
　　Ⅴ为中厚层岩层面，上、下盘为完整岩体，层面波伏起伏大，无岩屑和岩粉，属层面裂隙类。

　　第四次试验，于 1998 年、1999 年分两期在河床左侧坝趾下游护坦基础下勘探试验平洞（扩挖后即为 1 号抗剪平洞）进行。其中大型抗剪做了 9 组（48 块）常规试验、13 块单点法试验；中型抗剪共做 8 组（41 块）试验。本次大型抗剪试验是在预加垂直应力的情况下现场原位进行的，试件大小为 50cm×50cm。中型抗剪取样采用水平钻孔法，样品直径为 20cm 或 25cm，样品取出后在尽可能不失水的前提下，未进一步饱和。试验成果见表 5－21 和表 5－22。

表 5－21　　　　　　　　　　第四次层间剪切带大型抗剪试验成果

剪切带编号	试验位置	分组及试验编号	试验方法	抗剪强度		试验时间
				f'	c'/MPa	
SCJ09	6 坝段	I	常规法	0.56	0.32	1998 年
SCJ10	5 坝段	I		0.61	0.20	1998 年
		II		0.67	0.16	1998 年
		III		0.68	0.38	1998 年
	6 坝段	IV		0.51	0.26	1999 年
	7 坝段	V		0.44	0.38	1999 年
	8 坝段	VI		0.52	0.22	1999 年
	9 坝段	VII		0.58	0.16	1999 年
	9、10 坝段	VIII		0.43	0.22	1999 年

表 5－22　　　　　　　　　　第四次层间剪切带现场中型抗剪试验成果

剪切带编号	分组及试验编号	试验方法	抗剪强度		剪切带类型	备　注
			f'	c'/MPa		
SCJ08	I	常规法	0.48	0.18	含泥化带类	1. 取样位置为河床左侧护坦基础 I 号抗剪平洞。 2. 试验时间为 1999 年
	II	常规法	0.51	0.17	性状较差劈理带类	
SCJ10	I	单点法	0.50	0.14	含泥化带类	
	II	单点法	0.40	0.22	性状较差劈理带类	
	III	单点法	0.56	0.22	性状较差劈理带类	
	IV	单点法	0.59	0.20	性状较好劈理带类	
	V	单点法	0.56	0.34	层面裂隙类	
	VI	单点法	0.59	0.30	层面裂隙类	

　　第五次试验是在 2000 年度进行的。此次试验最初目的是为了验证 SCJ08、SCJ10 层间剪切带化学灌浆的补强效果，由于化学灌浆试验是在第二基础排水廊道的 4、5 坝段和第一基础排水廊道的 6 坝段进行的，因此本次中型抗剪试验取样地点分别布置在第二基础排水廊道的 4、5、6、7、8、9 坝段和第一基础排水廊道的 6 坝段及主廊道 7 坝段，以便进行同一层位的化学灌浆前后对比试验。此次试验利用钻机取样，岩芯直径约为 120mm，试验总工作量是 16 组 83 块岩样，试验成果见表 5－23。由于本次试验除 4、5 坝段 3 块 SCJ10 试件外侧柱体上和节理间可见微量棕红色化学灌浆物外，在全部试件剪断面上均没有见有化学灌浆物存在，因此，本次中型抗剪试验未能反映化学灌浆后的补强效果。但与历次中型抗剪试验相比，试验结果有所提高，考虑到中型抗剪试验方法本身的不足，主要是试件尺寸较小，控制岩体力学性质的主要因素，即岩体结构效应不能充分体现出来；又考虑到以前的大型抗剪试验是在 1 号抗剪平洞（护坦基础）中进行的，难以代表坝基下层

间剪切带的真实性状，因此，本次中型抗剪试验完成后，又在大坝基础下的3、5、6坝段坝基试验洞，针对SCJ10层剪切带做了3组原位大型抗剪试验，试验成果见表5-23。从表中看，性状基本相同的层间剪切带，其原位大型抗剪试验结果明显高于中抗型剪试验结果。从三组大型抗剪试验的剪后试件看，多属于碎块、碎屑型（Ⅱ类、Ⅲ类）和硬性结构面（Ⅳ类、Ⅴ类）两大类，基本代表坝基下SCJ10层间剪切带的实际情况。

表 5-23　　　　　　　　　　　　第五次层间剪切带剪切试验成果

试验类型	试验位置		剪切带编号	组数	抗剪强度		备注
					f'	c'/MPa	
中型抗剪试验	第二基础排水廊道	4	SCJ10	1	0.73	0.28	1. 取样、试验位置在坝基排水廊道基础及坝基平洞。2. 本次试验的结构面类型多属硬性结构面（Ⅳ类、Ⅴ类）、碎块与碎屑型（Ⅱ类、Ⅲ类）组合状
				2	0.78	0.34	
				3	0.70	0.28	
		5	SCJ10	1	0.70	0.36	
				2	0.70	0.25	
		6	SCJ08	1	0.63	0.20	
			SCJ10	1	0.62	0.24	
	主廊道	7	SCJ08	1	0.63	0.28	
			SCJ10	1	0.70	0.25	
	第二基础排水廊道	8	SCJ08	1	0.68	0.15	
			SCJ10	1	0.72	0.25	
				2	0.68	0.21	
		9	SCJ08	1	0.63	0.32	
			SCJ10	1	0.70	0.24	
	第一基础排水廊道	6	SCJ08	1	0.62	0.20	
			SCJ10	1	0.68	0.15	
大型抗剪试验	坝基试验洞	6	SCJ10	1	0.68	0.34	
		5	SCJ10	1	0.62	0.33	
	3号抗剪平洞	3	SCJ10	1	0.63	0.30	

注　本次试验时间为2000年。

从历次试验成果看，其抗剪强度试验值虽有不同，但是，考虑取样、含水状态及试验方法的差异，其成果总体是相近的，其规律性也是比较好的。第一次室内重塑样，因人为地制造了泥化条带，抗剪强度数值较低，就是从这次较低的指标，也可说明剪切带中的泥质物并非以黏粒为主。其余4次层间剪切带抗剪试验成果，可以反映出基础内存在的层间剪切带具有较高的抗剪强度指标。

（二）纵波速度与弹性模量

河床基坑形成后，对SCJ07～SCJ10层间剪切带进行了地表、孔内物探波速对比测试，综合得出剪切带波速值如下：

　　SCJ07 层间剪切带 $v_p = 1100 \sim 1540\text{m/s}$；

　　SCJ08 层间剪切带 $v_p = 1200 \sim 1680\text{m/s}$；

　　SCJ09 层间剪切带 $v_p = 1300 \sim 1570\text{m/s}$；

　　SCJ10 层间剪切带 $v_p = 1100 \sim 1820\text{m/s}$。

河床右侧坝基层间剪切带性状变好，其波速值相应高于左侧坝基。

大坝基础开挖前后及混凝土盖重前后 SCJ08 剪切带声波速度对比见表 5-24，左侧坝段低速区灌浆前后声波速度对比见表 5-25。

通过大坝基础开挖前后、混凝土盖重前后及坝基固结灌浆前后孔内声波检测，见表 5-24～表 5-26，坝基层间剪切带声波波速在开挖期呈下降趋势，大坝盖重后提高了 8%～58%，平均提高了 39%，固结灌浆后提高了 18%，可见随着大坝的浇筑和基础处理，坝基层间剪切带性状呈变好趋势。

表 5-24　　　　　　　　　　基础开挖前、后 SCJ08 层间剪切带声速对比

坝段	孔号		开挖厚度/m	声速/(m/s)		声速变化率/%
	开挖前	开挖后		v_{j0}	v_{j1}	
4	Z_{4-1}	S_{4-1}	2.9	1690	1500	−11.2
5	Z_{5-1}	S_{5-1}	2.9	2620	2030	−22.5
8	Z_{8-1}	S_{8-1}	3.0	2890	1650	−42.9
9	Z_{9-1}	S_{9-1}	2.5	2890	1770	−38.8
10	Z_{10-1}	S_{10-1}	2.7	2520	2240	−11.1
11	Z_{11-1}	S_{11-1}	3.0	2730	2030	−25.6

表 5-25　　　　　　　　　　基础盖重前、后 SCJ08 层间剪切带声速对比

坝段	孔号		盖重厚度/m	声速/(m/s)		声速变化率/%
	盖重前	盖重后		v_{j1}	v_{j2}	
6	S_{6-1}	G_{6-1}	5.5	1500	1990	32.7
7	S_{7-1}	G_{7-1}	4.0	1500	2170	44.7
8	S_{8-1}	G_{8-1}	4.0	1650	2540	53.9
8	S_{8-2}	G_{8-2}	4.2	2170	2540	17.1
8	S_{8-3}	G_{8-3}	4.2	2340	2920	24.8
9	S_{9-1}	G_{9-1}	3.9	1650	2790	69.1
10	S_{10-2}	G_{10-2}	5.6	1640	2540	53.9
10	S_{10-3}	G_{10-3}	3.0	2170	2730	25.8
11	S_{11-1}	G_{11-1}	16.0	2030	2620	29.1

表 5 - 26　　　　　　　　1～10坝段低速岩体灌浆前、后声速对比

岩体类别	测段数/个	声速/（m/s）（范围值/平均值）		声速提高率/%
卸荷岩体	62	2550～4000	3600～6100	36.0
		3470	4720	
层间剪切带	158	2300～4400	2600～6100	18.4
		3690	4370	
不完整岩体	248	2400～4000	3000～6100	15.6
		3720	4300	

河床左侧试验洞形成后，对SCJ10剪切带做了8个点的弹模测试，其成果见表5-27。由于测试是在试验洞底垂直于层间剪切带进行的。在加工试件时，层间剪切带上覆一定厚度鲕状灰岩未清除，因此测试成果为层间剪切带与上、下岩体的综合值，不代表剪切带本身真值。但从这样高的数值仍可以相应说明带内物质结合紧密，后期风化程度不深。

表 5 - 27　　　　　　　　层间剪切带弹性模量试验成果

试点编号	应力/MPa	变形模量/GPa	弹性模量/GPa	备　注
SCJ10 - E1	2.4	16.98	33.95	
SCJ10 - E2	2.4	9.63	33.26	
SCJ10 - E3	2.4	18.97	49.62	1. 剪切带上覆有约20cm的鲕状灰岩。
SCJ10 - E4	2.4	8.84	18.43	2. 受试验条件所限制，试验所得弹性模量
SCJ10 - E5	2.4	2.63	11.32	为层间剪切带与上、下鲕状灰岩的综合值。
SCJ10 - E6	2.4	18.97	32.25	3. 试验位置为河床左侧试验洞
SCJ10 - E7	2.4	8.27	14.02	
平均值		12.04	27.55	

第四节　层间剪切带抗剪强度指标

一、主要影响因素及敏感性分析

不同剪切带，或同一剪切带不同部位，因其遭受的构造变形破坏程度的不同，使其结构、组成和工程地质性状差异较大，对这种差异性，单纯靠少数点的试验成果难以覆盖。因此，要选择层间剪切带综合抗剪指标，除应用正确的方法对试验成果进行分析整理之外，还必须结合野外宏观地质因素加以分析研究，进行综合判断。这些因素归纳起来主要包括：物质组成与结构、发育不均一性、起伏差、试验条件的限制及地下水的影响。

（一）物质组成与结构

构造型软弱结构面在剖面上一般可分为节理带、劈理带、泥化带等部分，各带岩石破

碎程度、碎屑间契合程度及泥化程度不同，抗剪强度存在差别。一般泥化带抗剪强度最低，向两侧完整岩石过渡的过程，也是抗剪强度提高的过程。

如前所述，万家寨水利枢纽坝基层间剪切带物质组成总体来看为泥灰岩和薄层灰岩岩块、岩片及少量岩屑泥，带内物质受机械破碎和研磨作用的程度不高；从其结构看，层间剪切带虽有其明显的分带性，但以节理带、劈理带为主，在坝基部位更是以硬性结构面（层面裂隙与节理面）为主，绝大部分仅受到轻微的破坏，属多薄层层状结构，薄层之间及薄层与上下鲕状灰岩之间一般结合紧密，泥化带连通率很低。致使层间剪切带具有相对较高的力学指标。

（二）发育的不均一性

坝基内层间剪切带结构特征、物质组成存在一定的不均一性。

据万家寨水利枢纽坝基层间剪切带统计成果可知，SCJ08、SCJ10 剪切带，在 4～8 坝段岩屑夹泥型、碎屑与碎块（片）型分布明显高于其他坝段，而 9 坝段及其以右各坝段中，则以硬性结构面类和性状较好的劈理带类为主；SCJ07 剪切带在河床右侧各坝段，以硬性结构面类为主；SCJ09 剪切带仅在 4～6 坝段及护坦、防冲板、导墙局部发育，而 7～19 坝段以右，在其相对位置为泥灰岩集中带，未见破坏痕迹，即使层面裂隙，也多呈闭合状态；SCJ01 剪切带由于埋藏较浅，受地表风化和地下水化学作用影响较大，碎屑泥含量较高，以碎屑与碎块（片）型和岩屑夹泥型为主。

剪切带在物质组成和结构上的不均一性，是影响其抗剪强度的重要因素，以硬性结构面为主的坝段，剪切带的抗剪强度则相对较高。可适当考虑"岩桥"的作用。因此，在确定层间剪切带抗剪强度时，需结合各剪切带不同位置的分类统计情况区别对待，避免单纯地以点代面。

（三）起伏差

由于层间剪切带厚度有限，因而在承受剪切作用时必然会受到上、下围岩的制约和影响，即所谓的岩壁效应，产生岩壁效应的主要因素是起伏差的大小和剪切带的厚度。一般将剪切带厚度与起伏差之比称为起伏度。万家寨水利枢纽坝基层间剪切带各起伏度变化情况见表 5-28。

表 5-28　　　　　　　　**万家寨水利枢纽坝基层间剪切带起伏度变化**

起伏级别	一级起伏	二级起伏	三级起伏
起伏度	0.005～0.1	0.1～1	$\geqslant 1$

当层间剪切带在建筑物范围内的起伏差大于其厚度时，即厚度与起伏差之比小于 1 时，沿层间剪切带滑移时，剪切面不可能完全在剪切带内通过，势必有局部的啃断、爬坡，因而其强度大于剪切带本身的强度，见图 5-10。虽然实际情况要复杂得多，国内外不少试验研究结果有所不同，但起伏差的作用是公认的。就万家寨水利枢纽坝基岩体层间剪切带而言，一级、二级起伏均大于剪切带本身厚度，有利于提高其抗剪强度。尤其是对于二元、三元结构剪切带，从编录情况看，其中泥化带和较差劈理带厚度，仅占剪切带本身厚度的 1/2～1/3（个别部位更薄），因此起伏差的作用愈加明显。

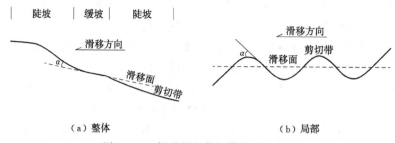

（a）整体　　　　　　　　　　（b）局部

图 5-10　坝基层间剪切带滑移示意图

（四）试验条件的限制

1. 样品制备对层间剪切带试验强度的影响

层间剪切带，赋存于坝基岩体内，处于三维应力状态，而无论是大型抗剪试验、还是中型抗剪试验，均是在仅有垂直应力的情况下进行的。在取样和样品制备过程中，尽管采取了必要的措施，仍难以避免剪切带有不同程度的分离松散。这一方面是应力释放所产生的卸荷影响，另一方面也是取样所造成对试件扰动的结果。这样必然降低试件本身的抗剪强度，尤其是降低内聚力值，致使试验成果较实际情况偏低。这一点中型抗剪试验影响更为明显。

2. 试验所反映的岩壁效应

如前所述，层间剪切带起伏差有利于提高剪切带抗剪强度，大型抗剪试验基本模拟了二级、三级起伏情况下的层间剪切带剪切破坏过程。一级起伏实际上是剪切带产状局部变化，抗剪试验对其整体爬坡、啃断效应难以体现，致使试件的试验值低于层间剪切带综合强度。

（五）地下水

一般认为，蓄水后坝基中软弱结构面性质有向坏的方向发展的趋势，没有软化的可能软化，已软化的可能泥化，从而导致抗剪强度的降低。这是因为蓄水后，原来处于地下水位以上者将浸水，原来处于水下者进一步饱和，并都将承受更大的渗透压力。就万家寨水利枢纽坝基层间剪切带而言，水库运行期间，长期反复受力及地下水影响，将导致其强度有所降低，是难以避免的。但是，由于层间剪切带物质结构紧密，矿物成分稳定，水溶盐含量很低，水化学作用很弱，因此，层间剪切带物理化学性质相对稳定性较好，长期强度衰减将不十分明显。

二、抗剪强度指标取值

（一）取值原则

对软弱结构面的研究，核心目的就是确定其抗剪强度，对这一问题很多学者都进行了非常深入的研究工作，软弱结构面抗剪强度指标的选择，应当从结构面内在结构的关系和破坏机理入手，并考虑工程工作状态和结构面的的受力条件。既要满足一定的强度需要，又要有一定的合理储备。同时，对剪切位移应加以严格控制，还要考虑时间效应。

1. 一般要遵循的原则

（1）安全性。这是抗剪强度指标确定优先考虑的原则。对于整个坝基来说，能够揭露的和进行试验的结构面仅占很小的部分，勘察设计者只能以局部来分析、推测整体。因此，对结构面强度特征的了解程度总是相对的，甚至有"管中窥豹""以偏概全"的可能。试验值仅是试验点结构面的强度，由于软弱结构面的复杂性，对于整个结构面来说，试验值的代表性可能会出现偏差。另外，受试验方法等的限制，实际上无法了解到抗剪强度指标的"真值"，试验值仅是不同程度接近"真值"的数值。因此，从概率角度讲，试验指标存在较高的不具有代表性和偏高的可能。

大坝工程具有特殊性，很难承受失稳的风险。因此，对于控制坝基抗滑稳定的关键性指标——结构面的抗剪强度，应从偏于安全角度取值，以控制风险在可以接受的范围。

（2）可信性。鉴于抗剪强度指标的重要性，取值依据必须充分，基础资料必须真实可靠。缺乏基础资料的取值方式，可能孕育较大风险或造成设计的不合理。可信的取值应建立在如下方面的基础上：

1）对软弱结构全面系统的研究，包括空间分布、成因、颗粒组成、厚度、界面的起伏情况，以及合理的分类标准等。

2）必要的勘察试验数量，勘察工作量不应成为取值不合理的借口。

3）科学合理的试验地点和试验方法，尽可能采用原位大型抗剪试验，以及多种试验方法。

4）科学合理的参数分析方法，且应该采用多种分析方法，以互相验证补充。

（3）经济合理性。过于保守的指标可能会造成工程量的增加，形成不必要的浪费，这也是应该避免的。

（4）系统性。软弱结构面抗剪强度指标的分析确定是一个系统工程，必须系统考虑有关影响因素后综合确定。同时，抗剪强度指标为抗滑稳定分析的一部分，必须从工程整体的角度考虑问题。

强度指标的获得和分析利用主要涉及试验、地质、水工等3个专业，由于国内设计单位严格的专业划分，任何一家的认识可能都不够全面。因此，比较合理的结构面抗剪强度指标确定方式应该是3家共同议定。对此，潘家铮、叶金汉等多年前已经撰文强调。

2. 李仲春对万家寨水利枢纽夹层取值的研究

坝基夹层抗剪强度计算值评价，是由夹层地质质量、抗剪试验成果、设计前提、工程措施和工程经验等要素组成的一个系统问题，需就诸多影响要素的整体效应进行系统分析与综合评价，而不能孤立地以试验成果为准去决断计算值。

抗剪强度"真值"与"试验值"。所谓"真值"，这里指的是某一类（或某一质量）夹层或试件客观存在的抗剪强度真实值而言；而"试验值"，则指的是同类（或同一质量）夹层多组（或多个）试件的试验成果的综合算术或图解平均值而言（也可采用最小二乘法或保证率法等）。显然，当试件质量同原始夹层质量一致时，则试验值就可理解为夹层的"真值"；否则，试验值只能是试件的"真值"，而不是夹层的"真值"，它既可较之偏小，也可较之偏大，应作具体分析判断。

至于夹层抗剪强度计算值，则指的是坝段地基某一控制滑移面上多类（或多种质量）夹层抗剪强度"真值"的加权（以面积为权）平均，并综合诸多影响因素的整体效应，所选取的参数值，此即提供坝基工程设计使用的抗剪强度指标值。然而，夹层性状分布，大多是非常不均一的，其控制滑移面上（尤其埋入地下者）不同性状所占的比例以及各自的抗剪强度"真值"等，专家们还无力查得一清二楚，只能依靠有限的直观和传感地质信息量以及工程经验等作出规律性判断。因此，从本质讲，坝基夹层抗剪强度计算值并非真值，而只是工程期望值。换言之，人们追求的是技术上可靠、经济上合理，既符合当前坝工设计理论与实践水平，又能"框得住"的参数值，而并不追求精确又精确的真值。适当的模糊，反而精确。

显而易见，坝基夹层抗剪强度计算值的评价，同一切复杂客观事物一样，它是由多个要素组成的一个系统问题，需采用系统分析法，就诸多影响要素的整体效应进行综合评价，而不能单纯以试验值为准去决断计算值，见图 5-11。

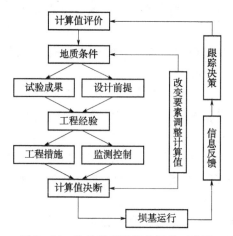

图 5-11　抗剪强度计算值评价示意图

综上所述，以坝基夹层抗剪强度"试验值"和"真值"为基础，并综合分析夹层地质条件（如组织结构、物质组成和连通率等）、设计前提（如安全系数取值）、工程措施（如固结灌浆）和工程经验等要素的整体效应，可以认为坝基滑移面整体质量要远远优于试件质量。例如：溢流坝各坝段地基夹层滑移面延伸范围很大（约 $20m \times 150m = 3000m^2$），只要该面上存在 10% "完整"薄层岩体的"岩桥"效应，与 90% 夹层加权后，其整体凝聚力值就要提高许多，而且起伏差和固结灌浆等对滑移面的凝聚力值也会有相应改善。因此，从偏于安全方面考虑，决断坝基滑移面整体（夹层占 70% 以上）抗剪强度计算值可取：

$$0.55 < f' \leqslant 0.60$$
$$0.30MPa \leqslant c' < 0.50MPa$$

当然，这只是个"框数"。至于 SCJ07、SCJ08 和 SCJ10 各夹层在不同坝段地基的质量分布会有所不同，则滑移面的抗剪强度计算值在该"框数"范围内作相应调整即可。需要着重指出，工程地质学在数值分析理论和测试技术方面已有了长足的发展，但直到目前，它既不是一门计算科学，也不是一门测试科学，即不是一门精确的科学，而更恰当地说，它是一门工程地质"艺术"。这就是说，对任何重大工程地质问题的评价，归根结底，专家们依然需要依靠各自的工程经验与创造性思维去作出决断和实施。工程实践，正是如此。

总之，坝基夹层抗剪强度取值需遵循如下原则：

（1）坝基夹层抗剪强度计算值是个系统问题，专家们需对诸多影响要素的整体效应作系统分析、综合评价，而不能孤立地以试验成果为准去决断计算值。

（2）坝基夹层抗剪强度计算值的评价，除了应具备必要数量的抗剪试验成果外，由于非确定性工程地质因素的普遍存在，专家们依然需要依靠各自的工程经验与创造性思维作出决断。

（3）坝基夹层抗剪强度计算值评价，既然是个系统问题，专家们就必须对组成它的要素具备足够的知识和认识。因此，地质、水工和试验等部门需要互通信息，综合论断；否则"独家"是难以做好这件事的。

万家寨水利枢纽缓倾角软弱结构面取值主要遵循安全、可靠、经济合理和系统分析的原则。

（二）取值程序和步骤

软弱结构面的抗剪强度指标（f、c），一般是在试验成果的基础上，经统计整理和综合分析后确定的。其过程大体可以分解为以下步骤：

（1）对结构面进行详细调查和分类研究。

（2）选取有代表性的试验样品或试验地点，利用适当的试验方法取得抗剪强度试验数据，对试验数据根据适宜强度准则进行整理，获得抗剪强度试验值。

（3）在试验值基础上，舍去不合理的离散值，经过一定的统计分析方法（如小值平均法、最小二乘法、点群中心法、优定斜率法和可靠度法等），得到标准值。

（4）以标准值为基础，根据软弱结构面的地质特征，考虑各种影响因素，并结合工程经验，给出符合结构面本身特征的参数，即为地质建议值。

（5）由于分工原因，有时设计专业在建议值基础上进一步确定抗剪强度指标，一般称之为设计采用值。

抗剪强度指标取值过程见图 5－12。

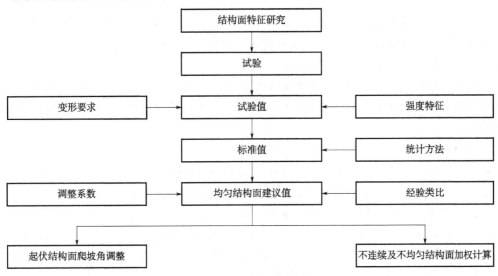

图 5－12　抗剪强度指标取值过程

三、抗剪指标的确定

（一）试验值的确定

一般讲，软弱结构面在剪应力作用下，由开始受力直至破坏大体可以划分为以下 5 个阶段。

（1）压密阶段。结构面围岩以及周边的空隙被压缩，此时结构面变形很小或没有变形，应力应变曲线是非线性的，呈下凹形态。

（2）弹性变形阶段。应力应变关系近于直线，其极值即为比例极限。从原位大型抗剪试验来看，对于软弱结构面这一阶段剪切变形很小，一般小于 1mm。

（3）屈服阶段。达到屈服点后，结构面进入塑性变形阶段，塑性区由局部向大范围逐渐扩展，应力应变曲线呈上凸形态，剪切应力值达到本阶段的极值称为屈服极限。不同类型的结构面屈服变形差别很大，一些硬性结构面、泥膜型和岩屑为主的结构面没有明显的屈服段或很短，由弹性变形段快速过渡到峰值阶段，剪切变形一般不大，常见值为 1～3mm。泥质含量高且厚度较大的结构面屈服段一般比较长，屈服极限甚至难以确定。

（4）峰值阶段。峰值阶段即极限强度状态，硬性结构面以及泥膜型、岩屑为主的结构面峰值一般比较清楚，达到峰值时剪切变形常见值为 3～5mm。随着泥化程度的提高，峰值段延长且趋于不明显，达到峰值时的剪切变形也同步增大。纯泥型结构面常具有流变特性，峰值难以确定，且剪切变形已经很大，有的可以达 10cm 以上。

（5）破坏阶段。峰值过后结构面遭到完全破坏，应力应变曲线进入下降段，并趋于平缓，在剪切应力作用下剪切变形将持续下去。此时，与峰值时相比较，结构面仍具有较高抗剪强度。

不同类型的软弱结构面其剪切破坏机制和应力应变特征不同，而同一结构面在不同受力阶段具有不同的强度和剪切变形，是比较复杂的。另外，结构面在坝基中工作，其变形、破坏会直接、间接影响其他岩体、建筑物的稳定和正常使用。可见，选择何种强度准则确定结构面抗剪强度的试验值，首先要明确结构面的应力应变特性，需要综合结构面本身和其他结构的强度及变形方面的要求。

选择何种抗剪强度准则，国内外各家观点不一致，但对破坏机制不同的结构面应采用相适应的破坏标准这一点认识是一致的。

万家寨水利枢纽根据坝基层间剪切带的空间分布、物质组成等特点，试验时就提出同时满足强度和变形的要求，即变形与容许变形相当，采用峰值强度指标为试验值，作为取值基础。

（二）标准值的确定

所谓的标准值，是对同一质量的结构面足够数量试件的试验值，舍去不合理的离散值，采用一定数理统计方法进行分析计算，得到的具有一定保证率水平的计算值。

国内外岩土工程师经过数十年的工程实践研究探索，摸索出多种确定岩体及结构面力学参数标准值的方法。其中水利水电工程勘察设计中较为常用的方法主要有小值平均值法、一元最小二乘法、线性回归分析法、点群中心法、优定斜率法等，近些年可靠度法、随机-模糊数学法等在个别大型项目中也逐渐开始应用。

万家寨水利枢纽通过对历次剪切带抗剪试验的分析，第二、第三次抗剪试验位于河床右侧，为中型抗剪试验，第四次抗剪试验位于河床左侧护坦基础Ⅰ号勘探试验洞，从左侧各条抗剪平洞所揭露的剪切带性状看，坝基下的剪切带性状明显优于护坦部位，针对河床左侧坝基，以第五次剪切带大型试验为基础，结合中型抗剪试验成果，考虑历次抗剪试验成果的规律性，采用点群中心法进行分析整理，确定剪切带抗剪指标标准值，其成果见表5－29及图5－13～图5－17。

表5－29 左侧坝基层间剪切带抗剪试验综合统计成果（标准值）汇总

剪切带编号	试验整理方法			抗剪强度指标		备注
				f'	c'/MPa	
SCJ10	群点法	中值		0.62	0.32	大型抗剪试验
SCJ10	常规法	算术平均值		0.70	0.26	中型抗剪试验
		小值平均值		0.67	0.23	
	群点法	中值		0.65	0.29	
		中值	含泥膜	0.68	0.25	
			不含泥膜	0.62	0.31	
SCJ08	常规法	算术平均值		0.64	0.23	
		小值平均值		0.63	0.18	

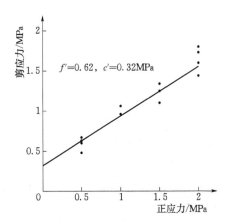

图5－13 第五次SCJ10层间剪切带
大型抗剪试验成果

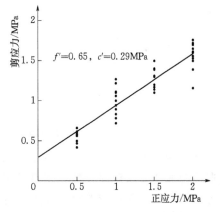

图5－14 第五次SCJ10层间剪切带
中型抗剪试验成果

（三）建议值取值

由于结构面本身不同部位遭受的构造变形破坏程度的不同，使其结构、组成和工程地质性状差异较大，对这种差异性，单纯靠少数点的试验成果难以全面覆盖。因此，在选择结构面综合抗剪指标时，除用正确的方法对试验成果进行分析整理之外，还需要结合宏观地质因素以及类似工程经验，进行综合判断。

万家寨水利枢纽坝基层间剪切带地质建议值取值时考虑的因素归纳起来主要包括如下方面。

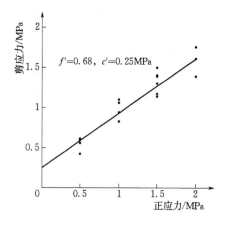

图 5-15　第五次 SCJ10 层间剪切带
中型抗剪试验成果（含泥膜）

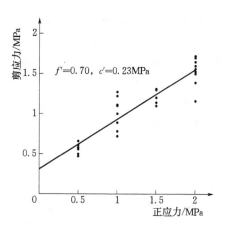

图 5-16　第五次 SCJ10 层间剪切带
中型抗剪试验成果（不含泥膜）

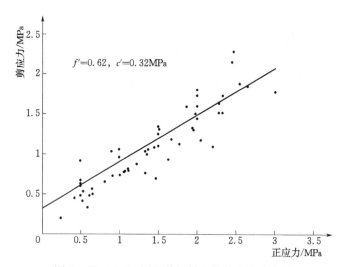

图 5-17　SCJ10 层间剪切带大剪综合试验成果

1. 软弱结构面的均匀性、连续性

软弱结构面连通率对综合抗剪强度的影响很大，一般的剪切试验无法反映这种影响，取值时考虑坝基层间剪切带的空间分布进行加权计算。

2. 试验成果代表性

不论是大型抗剪试验，还是室内中型抗剪试验，只能代表特定试件本身的地质质量和试验技术条件下局部试验点的抗剪强度值。而建议值要求代表较大范围和性状不均匀软弱结构面的整体抗剪强度，两者并非等同，也很难等同。取值时分析试验点与软弱结构面整体地质特征，进行具体分析和判断。

3. 试验方法的差异

结构面真实的抗剪强度不会因方法不同而改变，但试验方法却对试验成果具有显著影响。试件的大小、室内还是原位、原状样还是扰动样、试件加工情况、垂直荷重大小、固结程度、水平推力方向、加荷速度和饱和情况等，都会影响抗剪强度的数值。

4. 软弱结构面的起伏差

小的起伏差已经在试验成果中体现，在建议值确定还要考虑无法在试验中反映的部分，通过爬坡计算对参数进行修正。

5. 软弱结构面的演化趋势

水库蓄水投入运行期间，坝基岩体的应力和渗流等环境条件均发生变化，软弱结构面强度也必然受到这种变化的影响。

6. 相关工程经验

限于试验数量和了解程度可能不够全面，取值时参考和类比国内外已建成的大坝相近结构面的抗剪强度成果，以及采用的计算值与其抗滑稳定运行实践经验。

显而易见，万家寨水利枢纽坝基夹层应属于结构紧密的破碎岩体夹层（或岩块夹层）类，它既不是岩屑夹层类，更不是泥化夹层类，其抗剪强度应相对较高。

根据前述分析，以试验成果为基础，并考虑试验条件及试验成果分析取值方法，依据各剪切带工程地质特征及在河床坝基的变化情况，参考国内外通常取值原则，提出层间剪切带建议指标，见表 5 - 30。

表 5 - 30　　　　　　　坝基层间剪切带结构面抗剪强度指标地质建议值

剪切带编号	位置	抗剪强度指标建议值	
		f'	c'/MPa
SCJ01	右侧坝基	0.35	0.20
SCJ07	右侧坝基	0.50	0.25
SCJ08	河床坝基	0.50~0.55	0.28~0.35
SCJ09	4、5 坝段	0.55	0.30
SCJ10	河床坝基	0.50~0.55	0.28~0.35

由于 SCJ08、SCJ10 层间剪切带分布范围广，几乎遍及整个河床坝基及护坦、防冲板，考虑其发育的不均匀性，即同一条剪切带从河床左侧至河床右侧坝基，其性状逐渐变好，因此，在确定抗剪强度建议指标时，给出了一个适当范围值，供设计使用时，根据剪切带发育特征、工程受力及运行状况，适当调整使用。

第五节　坝基抗滑稳定分析与监测评价

一、坝基滑动边界条件及滑动模式分析

（一）边界条件

1. 可能滑动面

（1）河床左侧坝段。河床左侧坝基内存在 SCJ08、SCJ09、SCJ10 三条剪切带，为左侧坝基相对软弱结构面。

SCJ08 层间剪切带：除 4 坝段已挖除外，5～11 坝段及泄流冲刷区范围均有分布，建基面以下埋深 2.0～3.0m，为坝基下可能滑动面。

SCJ09 层间剪切带：仅局部分布，沿 SCJ09 形成整体滑动面可能性不大。

SCJ10 层间剪切带：建基面以下埋深 0.5～4.7m，且连续性相对较好，为河床左侧第二个可能滑动面。

河床左侧坝基 SCJ09 在坝基岩体内局部分布，且性状较好，沿 SCJ09 形成整体滑动面的可能性不大。SCJ08、SCJ10 分布较广，且性状较差，为河床左侧坝基控制滑动面，见图 5-18。

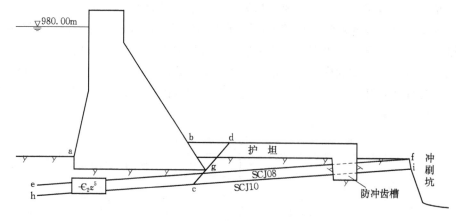

图 5-18 左侧坝基抗滑稳定分析示意图

（2）河床右侧坝段。河床右侧坝段坝基内存在 SCJ01、SCJ07、SCJ08、SCJ10 四条剪切带，为右侧坝基相对软弱结构面。

SCJ01 层间剪切带：在电站坝段（12～17）基础内，大部分已挖除，仅在 15 坝段甲块右侧及 16、17 两坝段甲块有所分布。该剪切带连通性好，泥化程度高，可能构成滑动面，坝基抗滑稳定计算时，对 15、16、17 坝段应予考虑。

SCJ07、SCJ08 层间剪切带：在电站坝段甲、乙块埋深分别为 5.7m、8.0m 左右，且连续性较好，为电站坝段坝基可能滑移面。设计过程中，在进行电站坝段抗滑稳定核算时，对 SCJ07、SCJ08 剪切带同时校核。

SCJ09、SCJ10 层间剪切带：SCJ09 层间剪切带，仅局部分布，且多以层面裂隙出现，完整性好，形成整体滑动面可能性不大；SCJ10 层间剪切带，虽有一定的连续性，但完整性好，在坝基下埋深 9.8m。因此，在核算沿 SCJ07、SCJ08 稳定后，沿 SCJ10 层间剪切带形成深层滑动面的可能性不大。

各层间剪切带虽然同时存在于河床右侧非溢流坝段（18～20），但其下游为电站主安装场或副厂房，二者建基高程为 898.00m，地面高程为 909.00m，坝体下游支撑岩体及建筑物的混凝土较厚，大坝抗滑稳定条件较好。

河床右侧坝段坝基 SCJ01 分别在坝段甲块及右岸挡水坝段坝基，该剪切带连通性好，泥化程度高，可能形成浅层滑动面。SCJ07、SCJ08、SCJ10 三条剪切带连续性较好，为河床右侧坝基控制滑动面，见图 5-19。

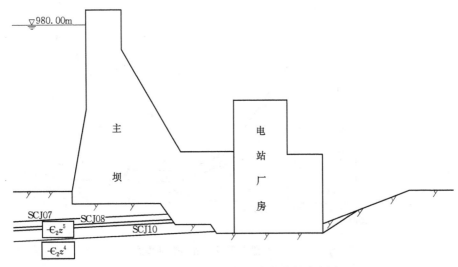

图 5-19　右侧坝基抗滑稳定分析示意图

2. 切割面

顺河向切割面和上游横向拉裂面分别由 NNE 向和 NNW 向两组陡倾角裂隙组成。其中 NEE 向裂隙与河床一般呈 $10°\sim25°$。锐角相交，该组裂隙较短，一般为数米至二三十米，呈单条分布，间距为 $5\sim8m$，裂隙内多被方解石充填紧密，较顺直。

3. 下游临空面及抗力体

河床左侧泄流坝段坝基至护坦下游冲刷坑部位，由于基岩内连续分布有剪切带，形成坝体连同护坦可能的滑动通道，另外，泄水建筑物泄流将在下游形成深度为 20 多米的冲坑，形成临空面。

右侧坝段厂房建基面高程较低，基础开挖后，SCJ07～SCJ10 剪切带在厂房上游壁临空面，坝体失去下游支撑岩体，采用厂坝连接工程措施后，厂坝共同受力，维持坝体稳定，提供抗力。

11 号坝段下游为尾水导水墙，而且剪切带出露点较远，因而坝体下游有足够长度的支撑岩体，没有临空面，对坝体稳定有利。19 号坝段下游为主安装间和副厂房基础，以及尾部岩体，支撑岩体较长，对坝体稳定有利。

（二）滑动模式分析

以勘探确定的软弱结构面（层间剪切带）及坝体结构为依据确定各坝段的滑动模式。由于坝基 $\epsilon_2 z^5$ 层内平行坝轴线方向的裂隙发育，同时考虑到坝踵处易产生拉应力，不考虑坝踵上游侧岩体的阻滑作用。

1. 左侧泄流坝段

坝基与护坦基础连通的 SCJ08、SCJ10 剪切带为浅层滑动控制面。

下游滑动面存在顺层滑动和剪切滑动两种形式。顺层滑动即沿剪切带滑动，滑出部位为下游冲刷（单滑面）。剪切滑动又分为两种形式：①坝基以下沿剪切带滑动，在坝趾部位切断上覆岩体和混凝土护坦滑出（双滑面）；②坝基下沿 SCJ08（或 SCJ10）剪切带滑动，在坝趾部位切断上覆部分岩体后，沿 SCJ07 剪切带滑动（复合滑动面）。滑动模式见图 5-20～图 5-22。

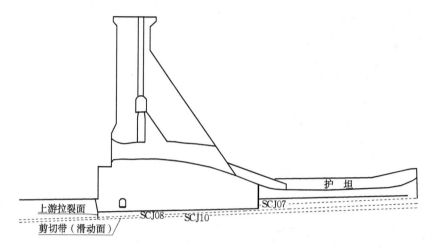

图 5-20　左侧泄流坝段单滑面滑动模式

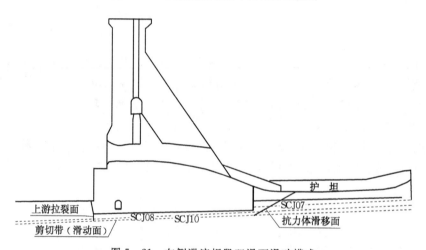

图 5-21　左侧泄流坝段双滑面滑动模式

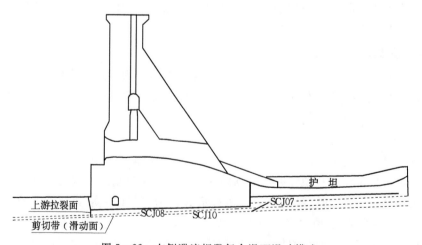

图 5-22　左侧泄流坝段复合滑面滑动模式

11 坝段下游无临空面，且剪切带出露点较远，偏于安全考虑，滑动面至尾水导水墙末端为止，桩号为下 0+300.00。

2. 右侧河床坝段

河床右侧坝基 SCJ01（仅 16～19 坝段）、SCJ08、SCJ07、SCJ10 剪切带为坝基浅层滑动控制面。

电站坝段和 18 坝段坝基开挖成台阶状，且坝体与厂房设计为整体连接，滑动时应为整体滑动。滑动面在大坝甲、乙块基础部位沿层间剪切带滑动。在大坝丙、丁块及电站厂房部沿基岩面滑动，不考虑电站厂房下游岩体抗力作用，见图 5-23。

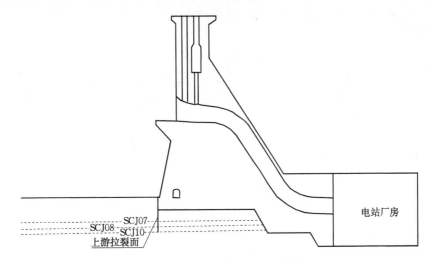

图 5-23 电站坝段浅层滑动模式

二、坝基抗滑稳定分析

(一) 加固处理前抗滑稳定分析

1. 计算边界条件

河床左、右侧典型坝段浅层抗滑稳定计算边界条件见图 5-20～图 5-23。当滑动面为单滑面时，稳定计算公式为

$$K' = \frac{f' \left[(\sum W + G) \cos\alpha - \sum P \sin\alpha - U \right] + c'A}{(\sum W + G) \sin\alpha + \sum P \cos\alpha}$$

式中 $\sum P$——作用于滑动面上的总水平力；

     $\sum W$——作用于滑动体上的总垂直力（包括坝体自重）；

     G——滑动面以上岩体重量；

     U——压力；

     α——滑动面倾角；

   f'、c'——滑动面抗剪强度指标；

     A——滑动面总面积。

（1）基本荷载：

1）坝体及永久设备的自重；

2）正常蓄水位、初期运行水位、设计洪水位及最高蓄水位下的静水压力；

3）相应于正常蓄水位、初期运行水位、设计洪水位、最高蓄水位的扬压力；

4）相应于正常蓄水位、初期运行水位、设计洪水位、最高蓄水位的浪压力；

5）泥沙压力。

（2）特殊荷载：

1）校核洪水位下的静水压力；

2）相应于校核洪水位下的扬压力；

3）相应于校核洪水位下的浪压力；

4）地震荷载（包括地震惯性力、地震动水压力）。

荷载组合见表 5-31。

表 5-31　　　　　　　　　　　荷　载　组　合

荷载组合		计算工况	自重	水压力	扬压力	泥沙压力	浪压力	地震荷载
基本组合	1	正常蓄水位 977.00m	√	√	√	√	√	/
	2	设计洪水位 974.99m	√	√	√	√	√	/
	3	初期运行水位 975.00m	√	√	√	√	√	/
	4	最高蓄水位 980.00m	√	√	√	√	√	/
特殊组合	1	校核洪水位 979.10m	√	√	√	√	√	/
	2	正常蓄水位＋地震	√	√	√	√	√	√

2．计算结果

（1）河床左侧坝段浅层抗滑稳定计算。河床左侧各坝段沿 SCJ08 和 SCJ10 剪切带抗滑稳定安全系数分别见表 5-32～表 5-36。

表 5-32　　　　　　　　河床左侧坝段沿 SCJ08 滑动安全系数（单滑面）

计算工况			各坝段滑动安全系数					
			6 坝段	7 坝段	8 坝段	9 坝段	10 坝段	11 坝段
基本组合	1	正常蓄水位	2.37/1.56	2.26/1.52	2.26/1.73	2.53/1.52	2.61/1.78	3.91/1.69
	2	设计洪水位	2.37/1.55	2.37/1.55	2.64/1.74	2.64/1.74	2.60/1.72	3.59/1.53
	3	初期运行水位	2.28/1.54	2.23/1.51	2.49/1.70	2.49/1.70	2.57/1.74	3.82/1.64
	4	最高蓄水位	2.16/1.46	2.11/1.43	2.38/1.63	2.38/1.63	2.45/1.67	3.63/1.57
特殊组合	1	校核洪水位	2.15/1.41	2.15/1.41	2.39/1.58	2.39/1.58	36/1.56	3.25/1.38
	2	正常蓄水位＋地震	2.06/1.42	2.02/1.38	2.24/1.57	2.24/1.57	2.30/1.61	3.41/1.52

表 5－33 　　　　　**河床左侧坝段沿 SCJ10 滑动安全系数（单滑面）**

计算工况		各坝段滑动安全系数						
		4 坝段	5 坝段	6 坝段	7 坝段	8 坝段	9 坝段	10 坝段
基本组合	1 正常蓄水位	2.25/1.50	2.30/1.51	2.33/1.53	2.28/1.50	2.29/1.50	2.57/1.73	2.65/1.77
	2 设计洪水位	2.29/1.48	2.32/1.47	2.38/1.44	2.38/1.52	2.41/1.52	2.67/1.72	2.63/1.70
	3 初期运行水位	2.23/1.49	2.27/1.51	2.29/1.51	2.25/1.48	2.25/1.47	2.41/1.62	2.48/1.73
	4 最高蓄水位	2.11/1.41	2.18/1.45	2.18/1.44	2.15/1.41	2.15/1.41	2.41/1.62	2.48/1.66
特殊组合	1 校核洪水位	2.08/1.34	2.16/1.38	2.16/1.38	2.16/1.38	2.19/1.38	2.41/1.57	2.39/1.55
	2 正常蓄水位＋地震	2.00/1.36	2.07/1.39	2.07/1.39	2.03/1.37	2.04/1.38	2.27/1.56	2.33/1.60

表 5－34 　　　　　**河床左侧坝段沿 SCJ08 滑动安全系数（双滑面）**

计算工况		各坝段滑动安全系数				
		6 坝段	7 坝段	8 坝段	9 坝段	10 坝段
基本组合	1 正常蓄水位	3.16	3.10	3.25	3.70	3.80
	2 设计洪水位	3.24	3.24	3.42	3.82	3.78
	3 初期运行水位	3.14	3.08	3.22	3.65	3.75
	4 最高蓄水位	2.98	2.92	3.07	3.49	3.58
特殊组合	1 校核洪水位	2.96	2.96	3.13	3.51	3.47
	2 正常蓄水位＋地震	2.89	2.84	2.98	3.37	3.46

表 5－35 　　　　　**河床左侧坝段沿 SCJ10 滑动安全系数表（双滑面）**

计算工况		各坝段滑动安全系数						
		4 坝段	5 坝段	6 坝段	7 坝段	8 坝段	9 坝段	10 坝段
基本组合	1 正常蓄水位	3.27	3.42	3.67	3.60	3.72	3.98	4.09
	2 设计洪水位	3.33	3.43	3.74	3.74	3.88	4.10	4.05
	3 初期运行水位	3.26	3.39	3.64	3.56	3.67	3.92	4.03
	4 最高蓄水位	3.08	3.22	3.46	3.39	3.51	3.76	3.86
特殊组合	1 校核洪水位	3.04	3.14	3.42	3.42	3.56	3.76	3.72
	2 正常蓄水位＋地震	2.98	3.12	3.35	3.29	3.41	3.64	3.73

表 5－36 　　　　　**河床左侧坝段沿 SCJ08 滑动安全系数表（复合滑动面）**

计算工况		各坝段滑动安全系数				
		6 坝段	7 坝段	8 坝段	9 坝段	10 坝段
基本组合	1 正常蓄水位	2.75	2.81	2.63	2.99	2.93
	2 设计洪水位	2.78	2.87	2.72	3.04	2.86
	3 初期运行水位	2.74	2.78	2.60	2.95	2.88
	4 最高蓄水位	2.59	2.65	2.48	2.82	2.76

续表

计算工况			各坝段滑动安全系数				
			6 坝段	7 坝段	8 坝段	9 坝段	10 坝段
特殊组合	1	校核洪水位	2.53	2.62	2.49	2.79	2.62
	2	正常蓄水位十地震	2.52	2.57	2.41	2.73	2.66

表 5-32～表 5-36 中计算结果表明，左侧泄流坝段沿 SCJ08 或 SCJ10 单滑面滑动时，坝体自身安全系数较小，一般为 1.34～1.78，考虑长护坦下部岩体作用沿单滑面至下游冲坑时，安全系数值大部分为 2.10～2.60；左侧泄流坝段沿 SCJ08 双滑面滑动时安全系数为 2.98～3.82，沿 SCJ10 双滑面滑动时安全系数为 3.08～4.10；左侧泄流坝段沿 SCJ08 复合滑动面滑动时安全系数为 2.48～2.93。说明左侧泄流坝段浅层抗滑稳定安全储备偏低，以单滑面滑动控制抗滑稳定，需采取工程措施进行加固处理。11 坝段下游没有冲刷坑，剪切带出露点距坝远，而且下游有尾水导水墙，对坝体稳定有利。从计算结果可知，11 坝段沿 SCJ08 滑动时，坝体自身安全系数基本组合情况下均大于 1.60，当沿单滑面计算至坝下 0+300.00 时，各种工况下安全系数均大于 3.0，满足规范要求。

（2）河床右侧坝段抗滑稳定计算。河床右侧各坝段沿 SCJ01、SCJ07、SCJ08 及 SCJ10 剪切带滑动安全系数见表 5-37～表 5-40。

从表 5-37～表 5-40 中可以看出，对河床右侧 12～19 坝段，当不考虑厂坝整体作用时坝体自身的抗滑安全系数 K' 接近或大于 2.0，表明坝体自身稳定有一定的安全度；当考虑厂坝整体连接的作用时，基本组合工况下各坝段抗滑稳定安全系数 $K' \geqslant 3.0$，特殊组合时 $K' > 2.5$。因此，河床右岸侧坝体抗滑稳定满足要求，不需再进行地基加固处理。

表 5-37　　　　　　　　　河床右侧坝段沿 SCJ01 滑动安全系数

计算工况			各坝段滑动安全系数		
			17 坝段	18 坝段	19 坝段
基本组合	1	正常蓄水位	4.06/2.72	3.39/2.12	3.19
	2	设计洪水位	3.70/2.43	3.11/1.90	3.00
	3	初期运行水位	3.99/2.67	3.34/2.08	3.16
	4	最高蓄水位	3.37/2.55	3.17/1.99	3.00
特殊组合	1	校核洪水位	3.37/2.22	2.83/1.74	2.70
	2	正常蓄水位＋地震	3.60/2.47	3.01/3.01	2.83

表 5-38　　　　　　　　　河床右侧坝段沿 SCJ07 滑动安全系数

计算工况			各坝段滑动安全系数				
			12 坝段	15 坝段	17 坝段	18 坝段	19 坝段
基本组合	1	正常蓄水位	3.52/2.27	3.44/2.20	3.39/2.18	3.35/2.21	4.57
	2	设计洪水位	3.18/2.00	3.11/1.95	3.05/1.91	3.04/1.96	4.23
	3	初期运行水位	3.44/2.20	3.37/2.15	3.30/2.10	3.25/2.13	4.47
	4	最高蓄水位	3.29/2.13	3.23/2.08	3.17/2.04	3.13/2.08	4.26

续表

计算工况			各坝段滑动安全系数				
			12 坝段	15 坝段	17 坝段	18 坝段	19 坝段
特殊组合	1	校核洪水位	2.89/1.83	2.83/1.79	2.78/1.75	2.77/1.80	3.84
	2	正常蓄水位＋地震	3.12/2.06	3.06/2.02	3.01/1.98	2.97/2.01	4.01

表 5 - 39　　　　　　　河床右侧坝段沿 SCJ08 滑动安全系数

计算工况			各坝段滑动安全系数				
			12 坝段	15 坝段	17 坝段	18 坝段	19 坝段
基本组合	1	正常蓄水位	3.53/2.27	3.44/2.20	3.41/2.18	3.35/2.21	5.43
	2	设计洪水位	3.18/2.00	3.11/1.95	3.06/1.91	3.03/1.96	5.01
	3	初期运行水位	3.44/2.20	3.36/2.15	3.30/2.10	3.24/2.13	5.28
	4	最高蓄水位	3.30/2.13	3.24/2.08	3.19/2.04	3.14/2.08	5.06
特殊组合	1	校核洪水位	2.89/1.83	2.84/1.79	2.79/1.75	2.77/1.80	4.54
	2	正常蓄水位＋地震	3.13/2.06	3.07/2.02	3.02/2.02	2.98/2.01	4.74

表 5 - 40　　　　　　　河床右侧坝段沿 SCJ10 滑动安全系数

计算工况			各坝段滑动安全系数				
			12 坝段	15 坝段	17 坝段	18 坝段	19 坝段
基本组合	1	正常蓄水位	3.53/2.27	3.44/2.20	3.41/2.18	3.35/2.21	5.43
	2	设计洪水位	3.18/2.00	3.11/1.95	3.06/1.91	3.03/1.96	5.01
	3	初期运行水位	3.44/2.20	3.36/2.15	3.30/2.10	3.24/2.13	5.28
	4	最高蓄水位	3.30/2.13	3.24/2.08	3.19/2.04	3.14/2.08	5.06
特殊组合	1	校核洪水位	2.89/1.83	2.84/1.79	2.79/1.75	2.77/1.80	4.54
	2	正常蓄水位＋地震	3.13/2.06	3.07/2.02	3.02/2.02	2.98/2.01	4.74

（二）加固处理后抗滑稳定分析

1. 坝基加固措施

对于坝基层间剪切带加固处理方案，在方案设计中曾对预应力锚索、混凝土抗剪桩、混凝土抗剪平洞、化学灌浆等方案进行了分析比较。预应力锚索和混凝土抗剪桩方案对万家寨水利枢纽工程提高大坝抗滑稳定安全系数效果不明显，因而不宜采用。抗剪平洞受力明确，能够提供较大的抗力，且工程上成功应用的实例较多。基础化学灌浆方案具有在不扰动原岩结构条件下提高基础物理力学指标的特点，在龙羊峡等工程亦有成功应用，但目前单纯以化学灌浆措施大面积加固地基提高抗剪强度指标的工程实例还较少。

经技术经济综合比较，设计建议采用基础抗剪平洞加化学灌浆的综合处理措施对基础进行加固。

根据计算分析，坝基设 3 条抗剪平洞及支洞已基本满足抗滑稳定要求，并考虑到若采用化学灌浆试验方案，化学灌浆对层间剪切带的充填不明显、对提高层间剪切带抗剪强度指标较少及化学灌浆投资较大等实际情况，并参照水利部水利水电规划设计总院的调查意见，决定取消基础化学灌浆，基础层间剪切带加固处理选用混凝土抗剪平洞辅以磨细水泥补强灌浆的方案。

坝基抗剪平洞布置见图 5 - 24。

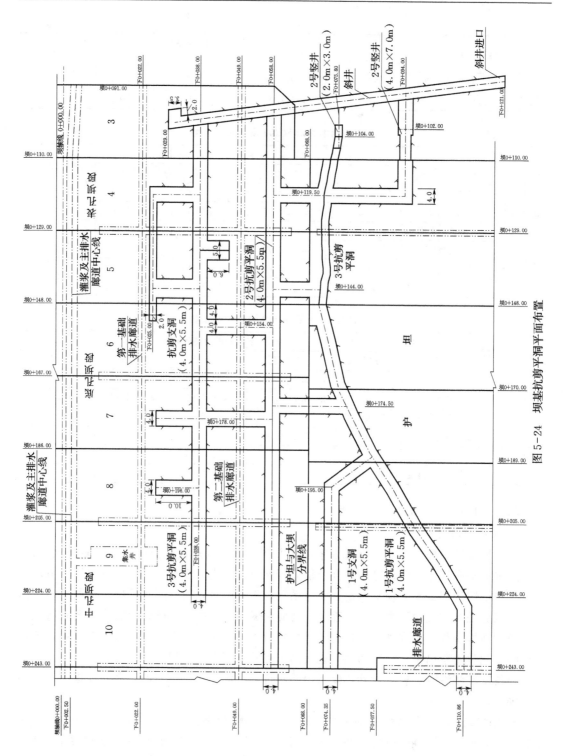

图 5－24 坝基抗剪平洞平面布置

2. 计算结果

坝基加固后大坝抗滑稳定计算仍采用刚体极限平衡法，计算假定、计算工况及计算荷载与加固处理前相同。参考其他工程的经验，抗剪平洞混凝土抗剪强度取 $f'=0.85$，$c'=2.0\mathrm{MPa}$。

坝基加固后河床左侧 $4\sim10$ 坝段浅层抗滑稳定安全系数见表 $5-41\sim$ 表 $5-45$。

表 5-41　　　坝基加固后河床左侧坝段沿 SCJ08 滑动安全系数（单滑面）

计算工况			各坝段滑动安全系数				
			6 坝段	7 坝段	8 坝段	9 坝段	10 坝段
基本组合	1	正常蓄水位	3.22/2.23	3.33/2.30	3.19/2.06	3.31/2.12	3.21/1.98
	2	设计洪水位	3.33/2.24	3.52/2.37	3.39/2.13	3.46/2.14	3.21/1.92
	3	初期运行水位	3.20/2.21	3.30/2.30	3.15/2.03	3.26/2.08	3.16/1.94
	4	最高蓄水位	3.02/2.09	3.12/2.16	3.00/1.94	3.11/1.99	3.01/1.86
特殊组合	1	校核蓄水位	3.02/2.03	3.18/2.15	3.07/1.93	3.14/1.95	2.91/1.74
	2	正常蓄水位＋地震	2.88/2.02	2.98/2.10	2.85/1.88	2.94/1.92	2.83/1.79

注　表中分子表示沿单滑面计算至下游冲坑安全系数；分母表示坝体自身安全系数。

表 5-42　　　坝基加固后河床左侧坝段沿 SCJ10 滑动安全系数（单滑面）

计算工况			各坝段滑动安全系数						
			4 坝段	5 坝段	6 坝段	7 坝段	8 坝段	9 坝段	10 坝段
基本组合	1	正常蓄水位	3.45/2.18	3.34/2.32	3.22/2.18	3.32/2.26	3.20/2.00	3.34/2.11	3.24/1.97
	2	设计洪水位	3.54/2.17	3.38/2.28	3.30/2.18	3.48/2.30	3.37/2.03	3.47/2.11	3.22/1.90
	3	初期运行水位	3.44/2.17	3.31/2.29	3.18/2.15	3.28/2.23	3.14/1.95	3.28/2.06	3.18/1.92
	4	最高蓄水位	3.24/2.05	3.13/2.17	3.02/2.05	3.12/2.12	3.01/1.87	3.14/1.98	3.04/1.85
特殊组合	1	校核蓄水位	3.21/1.97	3.06/2.07	3.00/1.98	3.16/2.09	3.06/1.85	3.15/1.57	2.93/1.73
	2	正常蓄水位＋地震	3.08/1.98	2.97/2.10	2.86/2.05	2.96/2.05	2.84/1.81	2.95/1.91	2.85/1.78

注　表中分子表示沿单滑面计算至下游冲坑安全系数；分母表示坝体自身安全系数。

表 5-43　　　坝基加固后河床左侧坝段沿 SCJ08 滑动安全系数（双滑面）

计算工况			各坝段滑动安全系数				
			6 坝段	7 坝段	8 坝段	9 坝段	10 坝段
基本组合	1	正常蓄水位	3.78	3.81	3.73	4.04	3.98
	2	设计洪水位	3.87	3.98	3.92	4.18	3.95
	3	初期运行水位	3.75	3.79	3.70	3.99	3.93
	4	最高蓄水位	3.56	3.59	3.53	3.82	3.75
特殊组合	1	校核蓄水位	3.53	3.64	3.59	3.84	3.63
	2	正常蓄水位＋地震	3.45	3.49	3.43	3.69	3.63

表 5－44　　　坝基加固后河床左侧坝段沿 SCJ10 滑动安全系数（双滑面）

计算工况			各坝段滑动安全系数						
			4 坝段	5 坝段	6 坝段	7 坝段	8 坝段	9 坝段	10 坝段
基本组合	1	正常蓄水位	3.91	4.17	4.28	4.31	4.2	4.32	4.27
	2	设计洪水位	3.98	4.18	4.35	4.47	4.38	4.44	4.22
	3	初期运行水位	3.90	4.14	4.24	4.27	4.14	4.25	4.2
	4	最高蓄水位	3.68	3.92	4.03	4.06	3.96	4.08	4.03
特殊组合	1	校核蓄水位	3.63	3.82	3.98	4.09	4.01	4.08	3.88
	2	正常蓄水位＋地震	3.57	3.81	3.90	3.94	3.85	3.94	3.89

表 5－45　　　坝基加固后河床左侧坝段沿 SCJ08 滑动安全系数（复合滑动面）

计算工况			各坝段滑动安全系数				
			6 坝段	7 坝段	8 坝段	9 坝段	10 坝段
基本组合	1	正常蓄水位	3.37	3.50	3.12	3.34	3.10
	2	设计洪水位	3.40	3.58	3.22	3.40	3.04
	3	初期运行水位	3.35	3.46	3.08	3.29	3.06
	4	最高蓄水位	3.17	3.30	3.01	3.15	3.00
特殊组合	1	校核蓄水位	3.11	3.28	2.95	3.12	2.78
	2	正常蓄水位＋地震	3.08	3.21	2.86	3.05	2.83

计算结果表明，坝基采用抗剪平洞加固处理后，4～10 坝段沿 SCJ08、SCJ10 剪切带抗滑稳定安全系数有较大提高，各坝段基本组合沿单滑面、双滑面、复合滑动面抗滑稳定安全系数均大于 3.0，特殊组合均大于 2.5，说明经过加固处理后河床左侧各坝段浅层抗滑稳定有足够的安全储备，大坝安全有保证。

（三）大坝抗滑稳定非线性有限元分析

1. 整体计算模型

采用大型通用有限元计算软件 ANSYS18.0，对拱坝及地基进行整体三维有限元计算分析，计算单元采用 8 结点三维实体单元，在岩土与结构接触部位设置接触单元。

非线性材料模型采用摩尔-库仑（Mohr - Coulomb）模型：

$$\tau \leqslant c + \sigma_n \tan\varphi$$

式中　　τ——任意一点的任意方向的面上的剪应力；

　　　　σ_n——对应的正应力；

　　　　c——材料的凝聚力；

　　　　φ——材料的摩擦角。

以 5 号底孔坝段为例进行三维非线性有限元的计算，整体模型是考虑坝体与护坦整体作用的情况。选取底孔坝段进行计算。地基计算长度按坝体上、下游各取 1.5 倍坝高，地基计算深度取 1.5 倍坝高，实际选取的计算模型上游起于桩号上 0－153.80，下游止于桩号下 0+255.00，计算基岩底部高程为 769.00m，沿坝轴线方向取一个坝段，长 19m。考虑到坝踵附近基岩有裂隙，不承受拉应力，计算模型假定坝踵坝体和基岩间有一条裂缝（从地面高程 897.00m 至各坝段上游坝基高程），上游基岩不受拉应力。

基岩底部法向约束，上游基岩仅约束水平方向位移，下游基岩剪切带以下约束水平方向位移，夹层以上基岩则放开。沿坝轴线方向约束高程 915.00m 以下部分的线位移，高程 915.00m 以上部分则放开。

坝体及地基分层见图 5-25，三维计算模型见图 5-26。

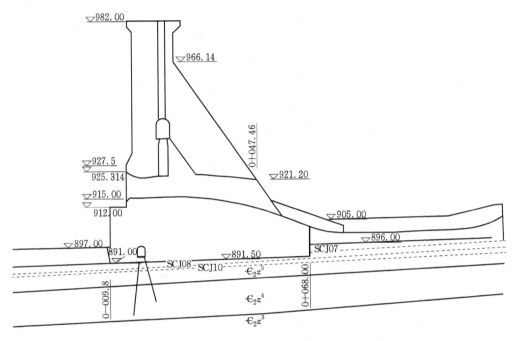

图 5-25　5 号底孔坝体及地基分层示意图（高程单位：m）

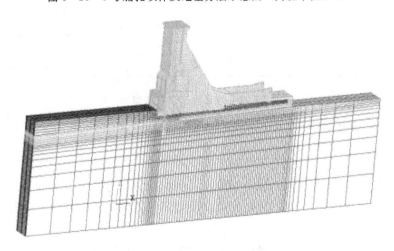

图 5-26　三维有限元计算模型单元

2. 计算基本资料

大坝及基础材料计算参数指标见表5-46。

表5-46 大坝及基础材料参数指标

材料名称	E/MPa	μ	γ/（kN/m³）	c'/MPa	f'	渗透系数/（m/d）
$\in_2 z^1$	20000	0.25	27.0	2.50	1.00	0.29
$\in_2 z^2$	15000	0.28	26.5	0.75	0.70	0.02
$\in_2 z^3$	20000	0.25	27.0	2.50	1.00	0.29
$\in_2 z^4$	15000	0.28	26.5	0.75	0.70	0.02
$\in_2 z^5$	20000	0.25	27.0	2.50	1.00	0.56
SCJ07、SCJ08	5300	0.38	25.0	0.25	0.50	50
SCJ10	5300	0.38	26.0	坝基0.28，护坦0.22	0.55	50
坝体与$\in_2 z^5$接触面	5300	0.38	26.0	坝基0.28，护坦0.22	0.55	50
坝体与$\in_2 z^4$接触面	20000	0.25	27.0	1.05	1.05	0.56
帷幕	15000	0.28	26.5	0.90	0.90	0.02
坝体	1	1	1	1	1	0.0072
抗剪平洞	23000	0.167	24.0	2.0	1.40	1
化灌后剪切带	6890	0.38	25.0	0.50	0.65	0.55

3. 计算工况

各工况的设计水位见表5-47，坝段加固情况说明见表5-48。

表5-47 各工况设计水位 单位：m

运行情况	最高蓄水位	初期正常蓄水位	校核洪水位
上游	980.00	975.00	979.10
下游	900.45	900.45	904.45

表5-48 底孔7号坝段加固情况说明

加固情况	化学灌浆范围桩号/m	平洞条数	各平洞桩号/m		
加固方案二	0-9.80至0+80.00	3条	0+58.00	0+81.50	0+94.00

研究坝段沿SCJ08、SCJ10两条剪切带滑动的抗滑稳定性。在计算模型选取时不考虑坝体高程915.00m以下横缝灌浆作用及剪切带上岩体的侧向阻滑作用。计算时分三种工况进行，见表5-49。

工况1：坝基处理后最高蓄水位为980.00m，相应下游水位为900.45m，淤沙高程为943.60m。

工况2：施工期蓄水位为970.00m，相应下游水位为900.45m，淤沙高程为

915.00m，坝基处理过程中，1号抗剪平洞开挖完成，未回填。

工况3：施工期蓄水位为965.00m，相应下游水位为900.45m，淤沙高程为915.00m。1号、2号、3号抗剪平洞开挖完成，1号平洞回填未灌浆，2号、3号平洞未回填。

表 5-49　　　　　　　　　　　计算工况说明

荷载工况	水压力水位/m		泥沙压力高程/m	备注
	上游	下游		
1	980.00	900.45	943.60	无任何加固措施，坝与护坦分离
2	970.00	900.45	915.00	1号抗剪平洞开挖完成，未回填
3	965.00	900.45	915.00	1号、2号、3号抗剪平洞开挖完成，1号平洞回填未灌浆，2号、3号平洞未回填

4．计算结果分析

（1）应力及变位。应力计算结果见表5-50，变位计算结果见表5-51。

表 5-50　　　　　　　　　　SCJ08 正应力和剪应力

工况	桩号	正应力/MPa		剪应力/MPa	
		剖面1	剖面2	剖面1	剖面2
1	上0-009.80	−0.815	−0.944	0.256	0.205
	下0+008.00	−1.139	−1.266	0.168	0.172
	下0+015.00	−1.133	−1.251	0.181	0.195
	下0+068.00	−0.787	−0.811	0.429	0.449
	下0+138.00	−0.176	−0.176	0.022	0.022
	下0+168.00	−0.120	−0.120	0.012	0.012
2	上0-009.80	−1.052	−1.179	0.412	0.134
	下0+008.00	−1.180	−1.305	0.120	0.116
	下0+015.00	−1.137	−1.251	—	0.159
	下0+068.00	−0.747	−0.777	0.388	0.408
	下0+138.00	−0.177	−0.177	0.016	0.016
	下0+168.00	−0.109	−0.110	0.006	0.006
3	±0-009.80	−1.038	−1.166	0.085	0.080
	下0+008.00	−1.206	−1.334	0.105	0.101
	下0+015.00	−1.163	−1.283	0.149	0.155
	下0+068.00	−0.687	−0.713	0.375	0.396
	下0+138.00	−0.178	−0.178	0.012	0.011
	下0+168.00	−0.121	−0.121	0.004	0.003

注　正应力拉为正，压为负；正应力垂直于滑动面，剪应力平行于滑动面且沿滑动方向。

工况1两个典型剖面的各剪切带均未见屈服，仅在坝踵附近出现小范围的屈服区（由拉应力引起）；工况 2 沿坝轴线两个上、下游方向典型剖面的各剪切带均未见屈服，仅在坝踵附近及 1 号抗剪平洞的顶部和底部出现屈服区；工况 3 两个典型剖面的各剪切带均未见屈服，仅在坝踵附近出现小范围的屈服区。

各工况坝基面上游铅垂应力的拉应力区不超过帷幕中心线，符合规范要求。各工况上游帷幕上的剪应力在帷幕根部（即坝体和坝基接触面处）剪应力最大，最大剪应力为加固后工况，其值为 1.02MPa。底孔坝段帷幕上剪应力随地基铅垂深度增大而减小，帷幕上 SCJ10 剪切带穿过处剪应力相对 SCJ08 剪切带穿过处剪应力小。帷幕和剪切带交接处剪切带上最大剪应力为 0.58MPa。

加固后工况每一平洞切断剪切带处洞塞剪应力比未加固工况平洞位置剪切带相应剪应力要大。这说明每一洞塞都起了作用。第 1 平洞位置所在处（桩号 0＋058.00）洞塞承受剪应力较其他平洞大。洞塞承受最大剪应力为 0.692MPa，位置在 SCJ08 剪切带（桩号 0＋058.00）处。所有洞塞呈弹性应力状态。

第 1 平洞（桩号 0＋058.00）基岩开挖未回填，这时平洞开挖面周围基岩呈弹性应力状态。基岩中最大第一主应力为压应力 0.135MPa，基岩中最大剪应力为 1.01MPa。平洞回填后，平洞开挖面周围基岩中最大第一主应力为压应力 0.254MPa，基岩中最大剪应力为 0.446MPa。

表 5 - 51　　　　　　　　　　　　　　　　SCJ08 位移

工况	桩号	水平位移/mm		竖向位移/mm	
		剖面 1	剖面 2	剖面 1	剖面 2
1	上 0 - 009.80	2.05	2.03	−10.49	−10.88
	下 0＋008.00	2.27	2.27	−11.50	−11.95
	下 0＋015.00	2.32	2.32	−11.79	−12.23
	下 0＋068.00	2.04	2.03	−11.22	−11.22
	下 0＋138.00	0.75	0.74	−8.61	−8.64
	下 0＋168.00	0.53	0.53	−8.19	−8.20
2	上 0 - 009.80	1.58	1.57	−10.27	−10.65
	下 0＋008.00	1.75	1.75	−11.34	−11.78
	下 0＋015.00	1.78	1.79	−11.56	−11.99
	下 0＋068.00	1.59	1.59	−10.80	−11.01
	下 0＋138.00	0.52	0.51	−8.51	−8.54
	下 0＋168.00	0.37	0.36	−8.12	−8.13
3	上 0 - 009.80	1.40	1.38	−10.45	−10.84
	下 0＋008.00	1.55	1.54	−11.42	−11.87
	下 0＋015.00	1.58	1.58	−11.61	−12.06
	下 0＋068.00	1.34	1.34	−10.59	−10.80
	下 0＋138.00	0.45	0.45	−8.50	−8.53
	下 0＋168.00	0.32	0.31	−8.14	−8.14

注　水平位移向下游为"＋"，向上游为"−"；竖向位移向上为"＋"，向下为"−"。

位移分析坝体和坝基接触面及坝基面下各剪切带错位值见表 5 - 52。

表 5 - 52　　　　　　　　　　　　各剪切带情况最大错位值

工况	最大错位值/mm	
	SCJ08	SCJ10
1	0.17	0.11
2	0.12	0.10
3	0.11	0.05

从计算结果及表 5 - 51 和表 5 - 52 中所列位移及错位值可见：各剪切带相对水平错位最大值加固前为 0.17mm（剪切带 SCJ08），上游帷幕处各剪切带水平最大错位值加固前为0.06mm（剪切带 SCJ08），剪切带水平相对最大错位值都发生坝踵所在桩号。

（2）坝体抗滑稳定计算及稳定评价。各工况所得到的抗滑稳定安全系数见表 5 - 53。

表 5 - 53　　　　　　　　　　　　各工况抗滑稳定安全系数

工况	抗滑稳定安全系数				
	SCJ08		SCJ10		坝基面
	特征面一	特征面二	特征面一	特征面二	
1	2.714	3.589	2.654	3.792	3.83
2	2.774	3.615	2.764	3.630	4.10
3	2.899	4.277	2.789	4.424	4.48

表 5 - 53 中数据表明，当考虑坝体单独作用时，各工况抗滑稳定安全系数为 2.65～2.90；考虑坝体和护坦共同作用时，各工况抗滑稳定安全系数为 3.59～4.42。各计算工况特征面二的抗剪断安全系数较特征面一的抗剪断安全系数大，虽然护坦下特征面垂直正应力很小，但凝聚力 c 是常数，而分母中的沿特征面的剪应力很小。因此有护坦的坝段特征面二抗剪断安全系数较特征面一的抗剪断安全系数大。

从计算结果可知：工况 1 的平洞及其周围岩体的应力及变位状况均较好，未出现屈服区及过大的变位，说明平洞本身是安全可靠的。

（四）材料安全储备法分析

安全储备法分析指的是逐步降低坝体和基础接触面及剪切带材料参数中的凝聚力和摩擦系数，直到塑性区在坝体和基础接触面及剪切带上基本贯通或塑性迭代不收敛。假定原始坝体和基础接触面及剪切带材料参数中的凝聚力和摩擦系数与现用降低后凝聚力和摩擦系数的比为 K_d。假定特征面塑性区范围宽度占特征面二范围宽度百分数为 S。

对底孔坝段工况 1 和工况 2，首先把坝体和基础接触面及剪切带材料参数中的凝聚力和摩擦系数除以 2.0，即 $K_d = 2.0$。分析了塑性区发展情况，还有一定的余度。再进一步降低上述原始数据，使 $K_d = 3.0$，在塑性迭代能收敛的基础上分析了其塑性区发展情况，还有少量的余度，再进一步降低上述原始数据，使 $K_d = 4.0$，塑性区进一步发展，直到塑性区沿特征面贯通或塑性计算迭代计算不能收敛，计算结果分析见表 5 - 54。工况 1 计算到 $K_d = 3.0$，沿特征面二塑性区贯通。工况 2 计算到 $K_d = 4.0$，沿特征面二塑性区贯通。

表 5 - 54　　　　　　　　　　　　　材料安全储备法塑性区分析

工况	特征面贯通率			
	$K_d = 2.0$	$K_d = 2.5$	$K_d = 3.0$	$K_d = 4.0$
1	66.2%	83%	100%	—
2	56.2%	—	81%	100%

从分析计算结果看，经过加固处理后河床左侧各坝段浅层抗滑稳定有足够的安全储备，大坝安全有保证。

三、大坝抗滑稳定监测评价

（一）监测资料分析评价

1. 坝身水平位移

（1）坝身水平位移特征值。坝身水平位移各测点相对位移特征值统计见表 5 - 55。由统计成果可知：

1）运行过程中，坝身向下游最大水平位移出现在 2002 年 4 月 10 日，位移值为 14.33mm，发生在 14 号坝段；向上游最大水平位移出现在 2005 年 4 月 13 日，位移值为 14.74mm，发生在 17 号坝段；最大变幅为 22.36mm，发生在 17 号坝段。

2）从整体情况看，坝身水平位移呈岸坡坝段小、河床坝段大的变化规律，符合坝体一般变形规律。

表 5 - 55　　　　　　　　　引张线各测点相对水平位移特征值统计

坝段	最大值		最小值		变幅/mm
	位移/mm	日期	位移/mm	日期	
2 号甲	1.20	2002 - 04 - 10	-2.02	2005 - 09 - 28	3.22
3 号甲	4.21	2002 - 04 - 10	0.02	2000 - 03 - 03	4.20
4 号甲左	10.39	2001 - 10 - 30	0.12	1998 - 10 - 19	10.27
4 号甲右	9.35	2004 - 01 - 29	-0.75	2001 - 10 - 30	10.10
5 号甲	10.31	2006 - 02 - 13	1.12	1998 - 10 - 26	9.19
6 号甲	11.66	2006 - 02 - 13	0.72	1998 - 10 - 26	10.94
7 号甲	11.64	2007 - 02 - 14	-0.71	1998 - 10 - 26	12.34
8 号甲	11.37	2006 - 02 - 13	-1.09	1998 - 10 - 26	12.45
9 号甲	10.34	2006 - 02 - 13	-1.60	1998 - 10 - 26	11.94
10 号甲	12.91	2002 - 03 - 30	1.68	1998 - 12 - 01	11.23
11 号甲	13.92	2002 - 03 - 30	0.87	1998 - 10 - 26	13.06
12 号甲	12.96	2002 - 04 - 10	0.60	1998 - 10 - 26	12.36
13 号甲	14.27	2002 - 04 - 10	-1.30	2007 - 03 - 21	15.57
14 号甲	14.33	2002 - 04 - 10	0.32	1998 - 10 - 26	14.01
15 号甲	14.00	2003 - 04 - 09	0.01	1998 - 10 - 26	13.99
16 号甲	12.49	2003 - 04 - 09	0.01	1998 - 10 - 26	12.48
17 号甲	7.61	2000 - 04 - 26	-14.74	2005 - 04 - 13	22.36
18 号甲	9.06	2005 - 04 - 13	0.01	1998 - 10 - 19	9.04

续表

坝段	最大值		最小值		变幅/mm
	位移/mm	日期	位移/mm	日期	
19号甲	6.63	2003 – 04 – 09	−0.86	2002 – 08 – 15	7.49
20号甲	5.51	2004 – 01 – 29	−0.64	2002 – 08 – 15	6.15
21号甲	3.62	1999 – 04 – 19	−0.61	2005 – 08 – 28	4.23

注 向下游位移为"+",向上游位移为"−"。

（2）坝身水平位移纵向分布。坝身水平位移纵向分布见图5－27，除部分数据观测异常外，总体呈现中部坝段水平位移大、两侧坝段水平位移小的规律，该规律符合一般坝体变形特性。

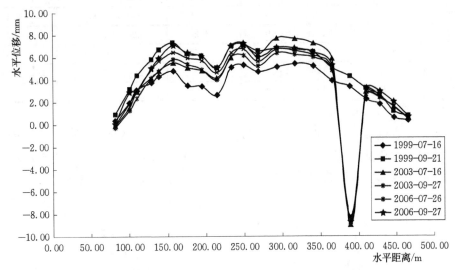

图5－27 坝身水平位移纵向分布

2. 坝基垂直位移

（1）垂直位移特征值。各测点相对位移特征值统计见表5－56，排除错误数据后，坝基竖直位移最大值为0，最小值为−3.32mm。

表5－56　　　　　　　　坝基各测点沉降变形特征值统计

坝段	最大值		最小值		变幅/mm
	位移/mm	日期	位移/mm	日期	
Z－1	—	—	−3.32	2005 – 02 – 26	—
Z－2	0.13	1999 – 03 – 11	−4.13	2006 – 04 – 28	4.26
Z－3	0.14	1998 – 10 – 09	−4.41	2005 – 02 – 26	4.55
Z－4	0	2000 – 03 – 06	−4.57	2005 – 02 – 26	4.57
Z－5	0	2000 – 03 – 06	−4.94	2005 – 02 – 26	4.94
Z－6	0	2000 – 03 – 06	−5.88	2005 – 02 – 26	5.88
Z－7	0	2000 – 03 – 06	−5.42	2005 – 02 – 26	5.42
Z－8	0	2000 – 03 – 06	−5.36	2005 – 10 – 14	5.36
Z－9	0	2000 – 03 – 06	−5.52	2004 – 04 – 13	5.52
Z－10	0	2000 – 03 – 06	−5.51	2004 – 04 – 25	5.51

续表

坝段	最大值		最小值		变幅/mm
	位移/mm	日期	位移/mm	日期	
Z-11	0	1998-10-09	-5.92	2004-04-25	5.92
Z-12	0.05	1998-10-09	-5.40	2004-04-25	5.45
Z-13	-0.01	1998-10-09	-5.14	2004-04-25	5.13
Z-14	-0.12	1998-10-09	-7.29	1999-07-25	7.17
Z-15	0.1	1998-10-09	-5.20	2004-04-25	5.30
Z-16	0.35	1998-10-09	-4.96	2004-04-25	5.31
Z-17	0.47	1998-10-09	-4.78	2005-04-13	5.25
Z-18	0.58	1998-10-09	-4.56	2004-04-25	5.14
Z-19	0.57	1998-10-09	-4.28	2004-03-28	4.85
Z-20	0.47	1998-10-09	-3.50	2000-09-16	3.97
Z-21	0.54	1998-10-09	-3.50	2000-08-16	4.04
Z-22	0.49	1998-10-09	-3.28	2000-08-16	3.77

注 向上位移为"+",向下位移为"-"。

（2）坝基竖直位移分布。坝基竖直位移分布见图5-28，整体看，坝基竖直位移均向下，但总体向下位移量不大，一般不超过5mm，表明坝基垂直位移相对稳定；坝基垂直位移呈沿河床坝段大、沿岸坡坝段小的规律，这符合坝体变形的一般规律。

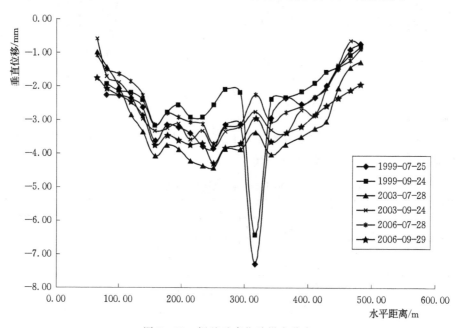

图5-28 坝基垂直位移纵向分布

3. 倾斜监测分析

（1）坝顶倾斜监测分析。坝顶倾斜测点高程差相对值过程线见图5-29，由过程线图可知：测斜点之间高程差随时间大致呈现周期性变化，夏季高程差较大，冬季较小；除5号坝段测斜点之间高程差随时间有所增大外，其余4个坝段测斜点高程差随时间变化趋势不明显。

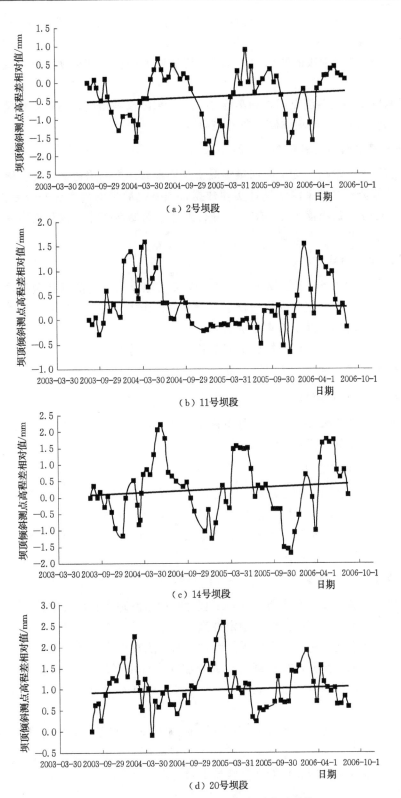

（a）2号坝段

（b）11号坝段

（c）14号坝段

（d）20号坝段

图 5-29 坝顶倾斜测点高程差相对值过程线

（2）坝基倾斜监测分析。坝基倾斜测点高程差过程线见图 5-30，由过程线图可知：各测点过程线走势大体相同，并存在年周期性变化，夏季高差值较大，冬季高差值较小；从整体趋势上看，2 号坝段的两测点高程差呈逐渐增大趋势，其余坝段测点高程差变化不明显。

根据坝基倾斜测点两测点间距和高程差，推算坝体倾斜角度相对值，所得倾斜角度在 $10^{-6°} \sim 10^{-9°}$ 范围内，表明坝体倾斜非常轻微。

4. 坝基抗剪平洞周边缝开合度分析

坝基抗剪平洞回填时，为监测回填混凝土与周围岩体之间周边缝的开合度，共布置 30 支测缝计。综合分析抗剪平洞测缝计实测数据，坝基抗剪平洞周边缝开合度测值均较小，最大值为 1.43mm，最小值为 4.74mm，开合度呈年周期性变化，其与温度呈显著正相关特性，与水库水位相关性不明显。

5. 坝基层间剪切带变形分析

据坝基抗剪平洞内 SCJ08、SCJ10 层间剪切带上埋设的三向测缝计观测数据，抗剪平洞内所有三向测缝计实测三向变位均较小，目前变位最大值为 1.23mm，且无趋势性增大或减小现象，即三向变位处于基本稳定状态。

综合分析坝体、坝基、坝基抗剪平洞及其内的层间剪切带变形监测数据，整体上，监测成果符合一般规律，大坝总体是安全的。

（二）安全鉴定评价意见

万家寨水利枢纽工程 1998 年 10 月下闸蓄水后，投入运行已 20 余年，大坝安全鉴定中有关大坝抗滑稳定评价意见如下。

1. 2008 年安全鉴定意见

观测资料分析表明，大坝变形性态正常，应力应变及温度变化符合一般规律，坝基层间剪切带变位较小，抗剪平洞变形正常；按现状计算复核，大坝应力与整体稳定性均满足规范要求；大坝抗震性能满足规范要求。经本次安全检测与复核，大坝运行正常。

2. 2018 年安全鉴定意见

大坝工程质量满足设计和规范要求，工程运行中未发现明显质量缺陷。首次安全鉴定以来，工程运行正常。大坝的强度和稳定性满足规范要求，变形规律正常，不存在危及安全的异常变形。泄水建筑物、发电引水排沙建筑物、引黄取水建筑物的强度、稳定性、泄流安全满足规范要求，无异常变形现象。大坝在动力作用下的抗滑稳定安全系数及坝踵、坝趾处应力均满足现行规范要求，大坝应力、整体位移和相对位移较小，抗震措施满足规范要求。

万家寨水利枢纽工程投入运行 20 余年后，经大坝安全鉴定，大坝均属"一类坝"，运行正常，整体稳定性均满足规范要求，佐证了当时勘察对坝基缓倾角软弱结构面的认识、抗剪强度指标取值及采取的工程处理措施是正确合理和安全的。

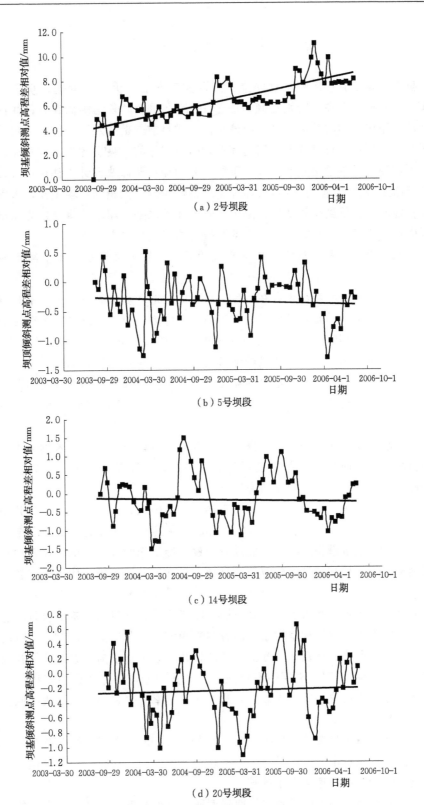

（a）2号坝段

（b）5号坝段

（c）14号坝段

（d）20号坝段

图 5 - 30　坝基倾斜测点高程差相对值过程线图

第六节　总　结　与　探　讨

坝基抗滑稳定是直接影响工程安全、投资和工期的重大技术问题，众多工程实践表明，缓倾角结构面的存在，特别是倾角小于10°的夹泥缓倾角结构面存在，往往是构成重力坝坝基抗滑稳定问题的基本条件。应该承认，按目前的勘探水平，因含夹层岩体取芯困难，采用小口径钻探是难以查明夹层的存在和分布规律的，夹层的贯通性及充填物资的组成、性质更难通过简单勘探查明，施工阶段补充勘探甚至修改设计，往往还难以避免。万家寨水利枢纽工程自20世纪50年代即开始勘察，完成了大量的勘察工作，水库坝区一些复杂的工程地质问题得到有效解决。限于当时的技术水平，坝基抗滑稳定方面出现了一些问题，但因技施阶段处理及时得当，工期及投资均未受到较大影响。

通过回顾工程地质勘察过程，在坝基抗滑稳定问题方面还是有不少经验和教训值得总结。

（1）对宏观环境研究和认识存在不足。从大的构造环境来讲，万家寨水利枢纽位于祁吕贺兰"山"字形构造的砥柱部位，具有较高的地应力环境。坝址处在多个褶皱影响范围之内，坝基岩体软硬相间，易于在褶皱形成过程中形成层间错动。坝区为典型的宽U形深切河谷，两岸下部和河床受到明显的地形应力集中影响，与较高的区域性构造应力相叠加，迫使河床浅部岩体进一步顺层错动弱化，河床表部形成一系列的顺河向褶皱就是很好的证据。现在来看，这些现象是软弱结构面发育的典型环境，当时对此认识还存在一定不足。

随着两岸坝肩及河床坝基的开挖揭露，结合老一辈地质工程师的预测分析，人们的认识在逐渐清晰，并及时进行了补充勘探和相关测试、试验工作，为工程顺利实施奠定基础，体现出了工程师们严谨的科学研究态度。

需要特别指出的是，李仲春基于对宏观构造环境的认识，虽然钻孔、探井中没有揭露的连续的软弱结构面，仍假定在$z4$、$z5$界面处存在具有1/3连通率的软弱结构面，要求设计时按此进行深层抗滑稳定核算，而随着勘察研究工作的进一步深入，李仲春就万家寨水利枢纽坝基夹层抗剪强度计算值取值的指导思想和创造性思维，体现出高超的专业技术水平。

（2）受到勘察技术水平限制。在20世纪80年代，金刚石双管单动岩石取芯钻具是比较先进的，万家寨水利枢纽坝址勘察中已普遍采用该型取芯钻具，同时，当时的钻探队伍对质量的要求非常严格、认真。实际上，坝址钻孔取芯率也很高，大部分钻孔采取率接近100%。但坝基为水平岩层，夹层厚度仅数毫米至数厘米，钻进过程中容易在夹层位置形成岩芯对磨，故此夹层取芯效果很差，且难以在取芯率上表现出来，形成缓倾角软弱结构面不发育的假象。

在坝基开挖揭露到较多的软弱夹层后，采用150mm半合管专用取芯钻具，结合孔内电视和物探测井定位技术，成功采取了大量软弱结构面岩芯样品，准确确定了各层软弱结构面空间分布，为工程处理奠定了基础。

（3）对坝基层间剪切带的勘察与抗剪强度取值取得突破性进展。以当时的钻探技术采取软弱夹层，尤其像万家寨水利枢纽坝基这种厚度不大，由岩屑、岩片及泥质组成的结构紧密，但无胶结的层间剪切带岩芯，很不理想。在技施阶段勘察中，改进了钻具和工艺，地质人员现场配合，基本获取了"原状岩芯"，在对软弱夹层采取岩芯上取得了突破。钻探工艺的突破为坝基层间剪切带试验和深入勘察创造了条件。

为了合理确定坝基层间剪切带抗剪强度值，在前期勘察基础上，技施阶段又进行了大量工作，除通常的钻探、井探、地质编录外，还进行了室内重塑中型抗剪试验9个，现场中型抗剪试验148块，现场大型抗剪试验11组64块，以及开挖期、固结灌浆前后的地面、孔内物探检测。在对层间剪切带工程地质性状认识和研究的基础上，通过大量现场抗剪强度试验成果和物探检测成果的统计分析，提出高于当时一般经验值的抗剪强度建议指标，并被采纳，为优化设计提供了科学依据。

应当说，钻探工艺的突破、物探测试技术的综合运用、大量的试验成果和各环节工程师们严谨的科学研究态度，为当时创造性提出合理的层间剪切带抗剪指标建议值奠定了坚实的基础。

第六章 龙口缓倾角软弱结构面

龙口水利枢纽位于黄河中游干流上，作为万家寨水电站反调节水库，具有改善下游河道水流状况和取水条件，优化黄河龙口—天桥区间河道资源与效益，参与系统调峰并兼有滞洪削峰等综合利用效益。枢纽主要由大坝、电站厂房、泄水建筑物等组成。水库总库容为 1.957 亿 m^3，电站装有 4 台 100MW 和 1 台 20MW 机组，总装机容量为 420MW，工程规模为大（2）型水库。

拦河坝为混凝土重力坝，坝顶高程 900.00m，坝顶全长 408m，最大坝高 51m，自左岸至右岸划分为 1～19 号共 19 个坝段。

在 1957 年托克托—龙口河段规划阶段勘察中首次发现龙口坝址存在泥化夹层，1983—1988 年工程可行性研究阶段通过 1：5000 地质测绘和洞探使得大部分泥化夹层被揭露出来，并开始了泥化夹层问题的系统研究。1993—1996 年进行工程初步设计时，将坝基软弱夹层抗滑稳定作为主要工程地质问题进行了勘察试验研究工作，通过大比例尺测绘、在两岸开挖平洞和河床开挖两个深探井等勘察手段，揭示到 NJ304‑1、NJ304‑2、NJ305‑1、NJ306‑1、NJ306‑2、NJ306‑3 等新的泥化夹层和钙质充填夹层的存在。尤其是河床 SJ01、SJ02 两个深探井的开挖，对直观、准确判定坝基软弱夹层的分布及性状起到了非常重要的作用。

与坝基抗滑稳定有关的主要勘察工作量见表 6‑1。

表 6‑1　　　　　　　　　　　　与坝基抗滑稳定有关的主要勘察工作量

序号	项目	比例尺	单位	工作量
1	地质测绘	1：2000	km^2	7.5
		1：1000	km^2	2.4
3	陆地摄影	1：200	km^2	0.1
4	钻探		m/孔	1975.30/24
5	平洞		m/个	679.90/30
6	岩石探井		m/个	66.10/2
7	孔内电视录像		m/孔	259.4/4
8	原位大型抗剪试验		组	14
9	中型剪试验		组	6
10	直剪试验		组	12
11	矿化分析		组	40

第一节 坝址地质环境

一、地形地貌

枢纽区处于黄河托龙段的出口处，黄河由东向西流经坝区，河谷为 U 形，宽为 360～400m。河床大部分为岩质，地形略有起伏，高程为 858.00～861.00m；发育有数条顺河向冲沟，一般宽度为 2～5m，深度小于 3m。两岸为岩石裸露的陡壁，高度为 50～70m。两岸上部坡度为 20°～40°，地面高程为 920.00～960.00m。两岸发育 4 级阶地，Ⅰ 级阶地分布于坝址下游梁家碛村和榆树湾镇附近，为堆积阶地；Ⅱ～Ⅳ 级为侵蚀阶地。

二、地层岩性

坝区地层主要为奥陶系中统马家沟组（O_2m），岩性主要为厚层、中厚层灰岩夹薄层灰岩、白云岩，$O_2m_2^{2-1}$、$O_2m_2^{2-2}$、$O_2m_2^{2-3}$ 为坝基主要持力层。

第一小层（$O_2m_2^{2-1}$）：中厚层、厚层灰岩、豹皮灰岩，隐晶～微晶结构，层间发育有多层泥化夹层，顶部发育有钙质充填夹层。层厚 40.00～43.80m，六Ⅱ坝轴线处埋深 2～16m。

第二小层（$O_2m_2^{2-2}$）：灰岩，隐晶结构，薄层状构造，发育有两层泥化夹层。本层厚 0.80～1.45m，六Ⅱ坝轴线处埋深 1～15m。

第三小层（$O_2m_2^{2-3}$）：中厚层、厚层灰岩、豹皮灰岩，微晶～隐晶结构，层间发育有多层泥化夹层。本层厚 14.14～15.58m，出露于河床及两岸。

三、地质构造

坝区构造变动微弱，地层呈平缓的单斜，总体走向 NW315°～350°，倾向 SW，倾角 2°～6°。河床浅部发育有较多小背斜、向斜和穹窿构造。轴向多为东西向（大体与黄河走向一致），翼角一般小于 15°，平面上影响范围为 10～40m，影响深度小于 8m，推测其形成与河床浅部岩体卸荷变形有关。坝区范围断层不甚发育，规模不大。构造裂隙主要有 4 组，以 NE20°～40°和 NW275°～295°两组相对较发育，NE70°～80°和 NW300°～355°两组次之。受构造变动影响，岩体层间错动现象普遍，在此基础上形成了多种软弱夹层，对坝基抗滑稳定性有明显的不利影响。

四、地应力特征

钻孔水压致裂法地应力测试结果表明，坝区地应力场有如下特征：

（1）该区最大水平主应力值为 5～11MPa，最小水平主应力值为 3～8MPa。水平主应力大于垂向应力，表明该区存在较为明显的水平构造作用。

（2）左、右两岸钻孔的应力值在高程 850.00m 以上部位均较低，应力值为 3.6～5.7MPa；而在高程 840.00m 处均有突变增大现象，应力值为 8.4～11.1MPa，见图 6-1。高程 850.00m 以上应力值较低的原因与钻孔靠近黄河岸边，受地形影响，岩体有一定程度的卸荷作用等有关。

（3）河床坡脚钻孔在高程 829.00m 以上，应力值较低，为 4.8～6.7MPa；在高程 826.00m 位置应力值有突变增大现象，为 8.0～8.9MPa，见图 6-1。河床坡脚钻孔应力值突变高程较两岸低，说明在坡脚地带存在应力集中现象。

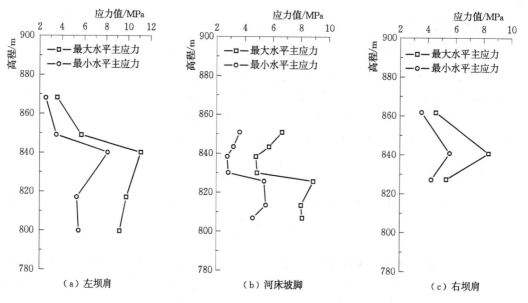

（a）左坝肩 （b）河床坡脚 （c）右坝肩

图 6-1 坝区地应力随深度分布

（4）实测各钻孔位置的最大水平主应力方向为 NW326°～351°，平均为 NW338°，表明坝区附近最大水平主应力方向为 NW 到 NNW 方向，见图 6-2。

（5）岩体的原地破裂压力一般为 4～13MPa，最大为 15.4MPa；岩石原地抗张强度多为 1～3MPa。

图 6-2 坝区地应力方向示意图

五、风化卸荷

坝区岩体风化作用以物理风化为主，化学风化相对较微弱，风化的岩块仍具有较高的强度。因黄河下切迅速，坝区河谷呈深切的箱形，两岸和河床岩体均有一定程度的卸荷，卸荷带厚度大体与弱风化带相当。

左岸基本不存在强风化，弱风化带厚度（水平）为 0.0～9.4m，平均厚度为 3.8m。右岸局部存在强风化，厚度范围为 2.1～5.7m，平均厚度为 3.2m；弱风化带厚度为 2.3～8.2m，平均厚度为 4.5m。河床部位基本不存在强风化，弱风化带厚度为 0.5～7.4m，平均厚度为 3.2m；河床表层岩体卸荷强烈，层面、裂隙明显张开，或无充填或夹有泥沙。

六、水文地质

基岩地下水赋存在上马家沟组地层中，根据埋藏条件和含水介质特征划分为 $O_2m_2^{2-3}$ 岩溶裂隙潜水、$O_2m_2^{2-1}$ 岩溶裂隙承压水和 $O_2m_2^{1-3}$ 岩溶承压水。

$O_2m_2^{2-1}$ 含水层相对隔水顶板为 $O_2m_2^{2-2}$ 薄层灰岩夹泥化夹层，厚度为 $0.80\sim1.45m$。含水层以裂隙、溶隙含水为主，岩体透水率平均值为 21Lu，总体上属于弱～中等透水性。由于泥化夹层的相对隔水作用和岩溶裂隙发育的不均一性，含水层本身具有多层次复合的特征，一般下部水位略高。水位大体为 $864.40\sim864.60m$，略高于黄河水位。

$O_2m_2^{1-3}$ 含水层在六Ⅱ坝线河床处埋深为 $59\sim70m$。以溶孔、孔洞含水为主，因岩性杂，岩溶发育程度差异大，岩体透水性不均一，总体上属于弱～中等透水性。水位在 $864.00m$ 左右。

七、岩石（体）物理力学性质

坝址岩石物理力学试验成果见表 6-2。作为坝基主要持力层的 $O_2m_2^{2-1}$ 层中厚层、厚层灰岩，单轴饱和抗压强度平均值为 110MPa，垂直层面方向静弹性模量平均值为 18.07GPa，地震波速平均值为 4522m/s，声波波速平均值为 5788m/s，岩体质量良好。

表 6-2　　　　　　　　　　　　岩石物理力学性质试验成果统计

层位	岩性	比重	干密度/ (g/cm^3)	吸水率/%	抗压强度/MPa		饱和抗拉强度/MPa	弹性模量 E/GPa
					干燥	饱和		
$O_2m_2^{3}$	中厚层豹皮灰岩、灰岩			0.16 (1)	165 (1)	157 (1)		
$O_2m_2^{2-5}$		2.73 (2)	2.70 (2)	0.23 (3)	173 (3)	120 (3)		
$O_2m_2^{2-4}$	薄层白云岩	$2.80\sim2.88$ / 2.84 (2)	$2.49\sim2.61$ / 2.55 (2)	$0.17\sim3.04$ / 1.61 (2)	$124\sim220$ / 172 (2)	$80\sim169$ / 125 (2)		$40.28\sim50.45$ / 44.09 (3)
$O_2m_2^{2-3}$	中厚、厚层豹皮灰岩、灰岩	2.80 (3)	2.70 (3)	0.37 (3)	131 (3)	98 (3)		
$O_2m_2^{2-2}$	薄层灰岩	2.73 (1)	2.63 (1)	0.13 (1)	205 (1)	104 (1)		$74.82\sim92.57$ / 85.67 (3)
$O_2m_2^{2-1}$	中厚、厚层豹皮灰岩、灰岩	$2.74\sim2.77$ / 2.76 (4)	$2.66\sim2.71$ / 2.69 (4)	$0.25\sim0.31$ / 0.28 (4)	121 (2)	87 (2)	$5.1\sim5.6$ / 5.4 (2)	
$O_2m_2^{1-3}$	角砾状泥灰岩		2.48 (2)	2.36 (2)	29 (2)	17 (2)		

注　数字表示："最小值～最大值"或"平均值"（"组数或点数"）。

第二节　软弱夹层发育特征

一、空间分布特征

坝区 $O_2m_2^{2-1}\sim O_2m_2^{3}$ 层中共发现连续性较好的泥化夹层23条，在六Ⅰ、六Ⅱ坝线分布情况见表 6-3、表 6-4 及图 6-3。

表 6-3　坝区泥化夹层分布特征

地层代号	泥化夹层编号	类别	厚度/cm	间距/m	分布高程/m 六Ⅰ坝轴线 左岸	河床	右岸	六Ⅱ坝轴线 左岸	河床	右岸
$O_2m_2^3$	NJ401	泥夹岩屑类	2.5~4.0	3.40	886.00~890.00		902.00~901.00	892.00		903.00
$O_2m_2^{2-4}$	NJ307-1	泥质类	1.0~2.0	0.4~0.45	858.00~861.00		875.00~873.00	860.00~864.00		876.00
	NJ307	泥质类	1.8~2.1 2.0	2.0	857.00~860.00		874.00~872.00	859.00~863.00		875.00
				6.2~7.4						
$O_2m_2^{2-3}$	NJ306-1	泥质类	0.5~4.2	1.70	853.00~857.00	857.00~860.00	867.00~866.00	853.00~858.00	858.00~860.00	870.00
	NJ306	泥夹岩屑类	0.5~2.0 1.5	1.45~1.5	851.00~855.00	857.00~860.00	866.00~864.00	852.00~856.00	856.00~860.00	868.00
	NJ306-2	泥夹岩屑类		2.0~2.35	849.00~853.00	853.00~860.00	864.00~863.00	850.00~855.00	855.00~860.00	866.00
	NJ306-3	泥夹岩屑类		3.45~3.5						
$O_2m_2^{2-2}$	NJ305	泥质类	0.3~4.0 2.0~3.0	0.41~0.45	840.00~847.00	847.00~858.00	858.00	845.00~849.00	849.00~859.00	859.00
	NJ305-1	泥质类	0.5~4.5 0.5~1.0	7.0~7.6	839.00~846.00	846.00~860.00		844.00~848.00		
$O_2m_2^{2-1}$	NJ304-2	钙质充填物与泥质混合类	0.2~2.0 0.5	3.5~3.9	832.00~839.00	839.00~851.00	851.00	837.00~841.00	841.00~852.00	852.00
	NJ304-1	泥夹岩屑类	0.2~2.0 0.5	1.2~1.45	829.00~836.00	836.00~848.00	848.00~847.00	834.00~838.00	838.00~849.00	849.00
	NJ304	泥夹岩屑类	0.5~4.0 2.0~3.0	6.5~6.8	828.00~835.00	835.00~846.00	846.00	832.00~836.00	836.00~848.00	848.00
	NJ303	泥夹岩屑类	2.0~20.0 2.0~3.0	5.4~5.7	823.00~829.00	829.00~840.00	840.00	827.00~831.00	831.00~841.00	841.00
	NJ302	泥夹岩屑类	0.2~1.5 1.2	约9.30	817.00~823.00	823.00~835.00	835.00~834.00	821.00~825.00	825.00~835.00	835.00~836.00
	NJ301	泥夹岩屑类	0.7~3.0 2.0		808.00~814.00	814.00~825.00	825.00~824.00	812.00~816.00	816.00~825.00	825.00~827.00

表 6 - 4　　　　　部分勘探点钙质充填夹层分布情况

位置	层位	勘探点	钙质充填夹层					
			编号	埋深/m	高程/m	间距/m	厚度/cm	连续性系数
上游防渗线	$O_2m_2{}^{2-1}$	ZK78		9.40	851.25		0.1	
				9.60	851.05	0.20	0.1	
				12.19	848.46	2.59	0.1	
					846.34		0.1	
					842.47		0.1	
					839.77		0.1	
					838.98		0.1	
					836.15		0.1	
					835.93		0.2	
				14.31	846.34	2.12	0.1	
		ZK79		8.95	850.67		<1	
				10.05	849.57	1.10	<1	
				11.05	848.51	1.06	<1	
		ZK80			855.31		<0.3	
					853.51	1.80	<0.3	
					852.31	1.21	<0.3	
					852.26	0.05	<0.3	
六Ⅱ坝线	$O_2m_2{}^{2-3}$	SJ01	MD2	11.95	852.23		0.5	100
	$O_2m_2{}^{2-1}$	SJ01	MD1	15.65	848.53		0.3	100
			MD21	16.90	847.28	1.25	0.5~1.0	100
			MD3	17.80	846.38	0.90	0.2~0.5	100
			MD4	13.60	844.58	1.80	0.2~0.5	100
		ZK100		4.28	855.79		<0.5	
				10.19	849.88	5.91	<0.5	
				10.95	849.12	0.76	<0.5	
				15.20	844.87	4.25	<0.5	
				18.21	841.86	3.01	<0.5	
				23.82	836.25	5.61	<0.5	
		ZK101		6.80	854.05		<0.5	
				6.92	853.93	0.12	<0.5	
				8.28	852.57	1.36	<0.5	

续表

位置	层位	勘探点	钙质充填夹层					
			编号	埋深/m	高程/m	间距/m	厚度/cm	连续性系数
六Ⅱ坝线	$O_2m_2^{2-1}$	ZK101		9.63	851.22	1.35	<0.5	
				13.13	847.72	3.50	<0.5	
				13.60	847.25	0.47	<0.5	
				14.22	846.63	0.62	<0.5	
				14.88	845.97	0.66	<0.5	
				15.40	845.45	0.52	<0.5	
				17.94	842.91	2.54	<0.5	
				18.10	842.75	0.16	<0.5	
				19.62	841.23	1.52	<0.5	
				22.82	838.03	3.20	<0.5	
				35.19	825.66	12.37	<0.5	
		SJ02	MD8	5.15	856.65		0.1～0.2	100
			MD9	5.95	855.85	0.80	0.2～1.0	100
			MD10	6.95	854.85	1.00	0.2～0.5	100
			MD11	7.55	854.25	0.60	0.2～0.4	100
			MD12	8.05	853.75	0.50	0.1～0.2	100
			MD13	8.65	853.15	0.60	0.1	100
			MD14	9.25	852.55	0.60	0.1～0.2	100
			MD15	9.70	852.10	0.45	0.10～0.5	100
六Ⅰ坝线	$O_2m_2^{2-1}$	ZK85		4.78	854.32		<0.5	
				10.33	849.37	4.95	<0.5	

两岸和河床坝基发育程度差异不大，间距为 0.4～9.3m 不等。

不同岩性夹层的发育程度和夹层类型有所不同。$O_2m_2^{2-2}$ 和 $O_2m_2^{2-4}$ 两层为薄层灰岩、白云岩，各发育有两条泥质类泥化夹层。$O_2m_2^{2-1}$、$O_2m_2^{2-3}$、$O_2m_2^{2-5}$ 层岩性相同，均为厚层、中厚层灰岩，泥化夹层发育程度也相近，三层在六Ⅱ坝线处泥化夹层平均间距分别为 6.9m、4.6m 和 8.3m，夹层类型主要为泥夹岩屑类和钙质充填物与泥质混合类。

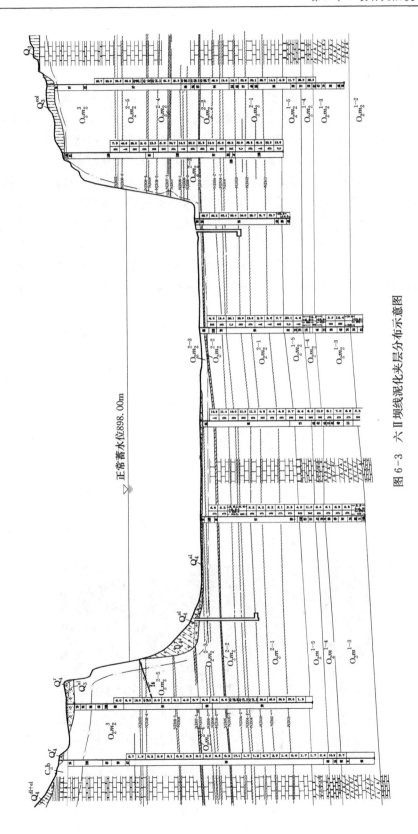

图 6-3　六Ⅱ坝线泥化夹层分布示意图

二、性状特征

（一）形态特征

泥质类泥化夹层一般呈黄褐色，局部为杂色、黄色、深灰色。其状态与所处位置有关。两岸地下水位以上位置，夹层天然含水量一般小于10%，明显低于塑限（20%～25%），除局部含水量较高处呈可塑状外，大部分呈硬塑状态。河床位置，各夹层长期处于地下水位以下，其天然含水量较高（最高达到29.6%），常呈可塑状，也存在软塑和半胶结状的情况；其中处于浅部卸荷带深度的NJ305夹层含水量高于塑限，呈软塑状。

泥夹岩屑类夹层呈黄褐色或杂色，水面以下多呈可塑状，局部呈软塑状；水面以上多呈可塑～硬塑状，地表处常呈坚硬状。局部呈胶结状，如NJ304，在SJ02探井处大部分呈胶结状，SJ01探井处部分呈胶结状。

钙质充填物与泥质混合类夹层（NJ304-2），其状态因物质不同而差异明显，其中钙质充填物呈黄色或白色，坚硬状，强度较高，浸水后基本无变化；泥质物部分近于泥夹岩屑夹层的特征。

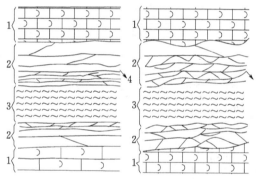

1—完整岩石；2—剪切破碎带；3—泥化夹层；4—劈理带

图 6-4 软弱夹层结构特征示意图

夹层的密实程度有随深度增加而增大的趋势，处于地下深部的夹层密实度明显较高，天然密度可达 2.0～2.5g/cm³。而处于河床浅部卸荷范围的泥化夹层密实度明显要差一些，如河床探坑（TK1～TK9）中揭露的NJ304、NJ305、NJ306等夹层普遍呈疏松状，含水量高。

（二）结构与构造

泥化夹层（泥化带）常与两侧的劈理带、节理带构成三元结构，见图6-4和图6-5。

图 6-5 NJ304 构造特征

表 6-5　泥化夹层物理性质试验成果

编号	取样位置	含水率/%	湿密度/(g/cm³)	干密度/(g/cm³)	孔隙比	饱和度/%	土粒比重	液限/%	塑限/%	塑性指数	颗粒组成/%			
											砾粒 >2mm	砂粒 2.0~0.05mm	粉粒 0.05~0.005mm	黏粒 <0.005mm
NJ307	SJ01	15.4	2.18	1.89	0.465	92.0	2.77				29.5	26.9	31.1	12.5
		3.8	2.31	2.23	0.229	45.5	2.74				14.1	26.9	40.2	18.8
		7.8	2.18	2.02	0.356	60.0	2.74				35.9	27.5	34.8	1.5
		5.3	2.12	2.01	0.363	40.0	2.74				34.4	20.9	34.1	6.6
NJ306	SJ01	4.2	2.26	2.17	0.263	43.8	2.74	26.3	16.3	10.0		49.0	29.5	21.4
NJ306-2	SJ01	5.4	2.12	2.01	0.363	40.8	2.74	19.6	12.8	6.8		59.1	24.8	16.1
		5.7	2.13				2.78	21.1	13.7	7.4		55	29.5	15.5
NJ305	PD1	25.7	2.02	1.61	0.746	97.0	2.81	35.9	22.4	13	3.9	46.6	23.5	26.0
	SJ01	29.6	1.95	1.51	0.867	96.0	2.81	33.8	20.7	15.1		38.6	28.5	32.9
	SJ02	21.1	2.1	1.73	0.607	96.6	2.78	40.1	26.6	13.5		49.9	26.0	24.1
NJ305-1	SJ01	14.4	2.13	1.86	0.495	80.9	2.78					57.5	22.2	20.3
		13.0	2.26	20.0	0.390	92.7	2.78							
		19.7	2.15	1.80	0.544	100	2.78							
		13.6	2.12	1.87	0.487	77.6	2.78							

续表

编号	取样位置	含水率/%	湿密度/(g/cm³)	干密度/(g/cm³)	孔隙比	饱和度/%	土粒比重	液限/%	塑限/%	塑性指数	颗粒组成/% 砾粒>2mm	颗粒组成/% 砂粒2.0~0.05mm	颗粒组成/% 粉粒0.05~0.005mm	颗粒组成/% 黏粒<0.005mm
NJ304-2	SJ02	10.1	2.47	2.24	0.237	100	2.77					49.4	31.6	19.0
	SJ02	0.8	2.52	2.50	0.108	20.5	2.77							
	SJ02	0.9	2.52	2.50	0.108	23.1	2.77							
	SJ02	1.9	2.56	2.51	0.104	50.6	2.77							
	SJ02	6.6	2.46	2.31	0.199	91.9	2.77							
	SJ02	10.4	2.26	2.05	0.351	82.1	2.77							
	SJ02PD01										41.0		27.0	14.3
	SJ02PD01										44.1		20.3	9.8
NJ304-1	SJ02	1.2	2.39	2.36	0.174	19.1	2.77					36.8	44.9	18.3
	SJ02	3.7	2.34	2.26	0.226	45.3	2.77							
	SJ02	3.4	2.36	2.28	0.215	43.8	2.77							
	SJ02	3.2	2.24	2.17	0.276	32.1	2.77							
NJ304	PD4	27.7	1.55				2.77	36.9	20.9	16		38	33.1	28.9
	PD4	16.3	2.11	1.82			2.78	31.1	18.7	12	11.0	24.2	28.5	36.3
	SJ01	14.1	2.13	1.86	0.502	78.0	2.79	35.9	21.9	14	26.9	21.9	30.5	20.7
	PD22	17.6					2.8					37.7	25.9	36.4
											15.6		30.7	42.4

续表

编号	取样位置	含水率/%	湿密度/(g/cm³)	干密度/(g/cm³)	孔隙比	饱和度/%	土粒比重	液限/%	塑限/%	塑性指数	颗粒组成/%			
											砾粒 >2mm	砂粒 2.0~0.05mm	粉粒 0.05~0.005mm	黏粒 <0.005mm
NJ303	PD5	12.5	2.04				2.74	28.5	16.4	12	40.5	21.3	19.7	18.5
		24.6	1.71				2.85	28.6	16.9	12	14	42.3	30.9	12.8
		8.9	2.04	1.87			2.76	24.8	14.3	11	63.9	17.6	9.9	8.6
	SJ01	19.8	2.10	1.70	0.563	96.0	2.75					34.5	46.4	19.1
	SJ02											66.9	16.8	16.3
	PD33	9.48	2.37								37.7		31.3	11.2
		10.0	2.39								34.0		32.0	13.7
		6.79	2.56								53.4		16.3	12.0
		7.44	2.24								16.2		51.8	15.0
		7.36	2.44								27.3		36.4	18.4
	S2P2	8.21	2.40								33.7		33.6	14.1
											35.6		25.0	11.3

处于地下水位以上的泥化夹层具有明显的鳞片状构造，体现出构造作用的痕迹；水下部分则块状特征更明显一些。泥质类泥化夹层本身多呈碎屑结构，泥质物中水面以上部分也常见鳞片状构造。

（三）夹层颗粒组成

泥化夹层物理性质试验成果见表 6-5。泥质类泥化夹层泥化程度较高，泥质含量一般在 90% 以上，但不均一，局部含有较多岩屑；据颗粒分析成果，黏粒含量为 11%~27%，大于 2mm 的岩屑含量为 0%~35.9%。

泥夹岩屑类夹层岩屑含量为 35%~60%，黏粒含量为 0%~30%，但极不均一，不同夹层和同一夹层不同部位颗粒组成也不相同。岩屑成分主要为灰岩，常呈次棱角状或透镜体状。

（四）夹层矿物、化学成分

夹层矿物、化学成分分析成果见表 6-6 和表 6-7，从表中可得出如下认识：

（1）泥化夹层中岩屑的矿物成分主要为方解石和白云石，与围岩相同；泥质物的矿物成分主要为伊利石，局部含有微量或少量的高岭土和蒙脱石。

（2）泥质物的化学成分主要为 SiO_2、Al_2O_3 和 CaO，Fe_2O_3 和 MgO 含量较少。SiO_2、Al_2O_3 和 Fe_2O_3 总量为 40%~60%，CaO 和 MgO 总量为 10%~27%。

表 6-6　　　　　　　　　　　　夹层矿物成分

泥化夹层及编号	层位	取样地点	矿物成分 综合
NJ308	$O_2m_2^{2-5}$	岸坡、PD18	伊利石为主，少量水云母-蒙脱石、高岭石
			方解石、伊利石、氧化铁
NJ307	$O_2m_2^{2-4}$	岸坡 PD2、PD17	伊利石为主，少量高岭石
			方解石、伊利石、蒙脱石
NJ306	$O_2m_2^{2-3}$	岸坡、PD16、SJ01	伊利石为主，微量绿泥石
			方解石、伊利石、白云石、氧化铁
NJ306-1	$O_2m_2^{2-3}$	PD16、岸坡	伊利石、方解石
NJ305	$O_2m_2^{2-2}$	岸坡、PD1、SJ01、SJ02	伊利石为主，少量水云母-蒙脱石混层
			伊利石、方解石
NJ304		SJ02	方解石、伊利石、高岭石、氧化铁、铁矿石膏
NJ304-1			方解石、伊利石
NJ304		岸坡、PD4、TK3、SJ01	伊利石为主，少量水云母蒙脱石混层
			方解石、伊利石、氧化铁
NJ303	$O_2m_2^{2-1}$	岸坡、PD5、PD14、SJ01	伊利石为主，少量水云母蒙脱石混层
			方解石、伊利石、伊利石-蒙脱石过渡、菱铁矿石
NJ302		引黄洞、岸坡	伊利石为主，少量水云母-蒙脱石不规则混层、高岭石
			方解石、伊利石
NJ301		PD18、岸坡	伊利石为主，少量绿泥石
			方解石、伊利石、氧化铁

表 6-7 　　　　　　　　　　　　　　夹层化学成分 　　　　　　　　　　%

泥化夹层	SiO$_2$	Al$_2$O$_3$	Fe$_2$O$_3$	CaO	MgO	pH	易溶盐	中溶盐	有机质	烧失量	R$_2$O$_3$
NJ308	39.96	20.33	7.04	4.98	4.26	7.32	0.12	0.23	0.19	18.38	2.74
	28.54	15.67	6.47	18.36	0.54	8.40	0.080	0.052	0.91	25.07	1.23
NJ307	44.42~49.57	23.71~24.53	2.70~3.17	6.92~9.13	3.91~6.31	7.38~7.70	0.45~0.88	0.44~0.53	0.32~0.39	13.40~30.45	2.88~3.28
	16.72~39.00	9.36~16.07	0.83~1.93	13.76~35.61	0.30~4.00	7.71~8.95	0.050~0.24	0.027~0.032	0.12~2.43	17.35~33.57	17.35~33.57
NJ306	28.29	11.14	3.72	25.52	3.57	7.40	1.68	11.40	0.44	18.77	3.56
	17.04~35.26	7.29~17.05	2.77~3.71	15.61~35.30	0.42~1.72	7.72~8.85	0.043~0.19	0.004~0.051	0.16~0.18	22.35~31.46	1.49~1.66
NJ306-1	48.52~51.19	23.93~24.74	1.38~2.31	1.22~3.98	0.99	7.60~8.91	0.06~0.38	0.66	0.23~4.00	10.80~12.61	1.86~1.87
NJ305	51.74~53.97	21.81~22.76	2.02~3.40	1.42~3.74	4.28~6.13	7.46~7.60	0.09~0.98	0.05~0.76	0.16~0.52	9.13~13.13	3.53~3.98
	42.50~45.20	15.80~20.19	1.10~2.62	6.48~14.70	0.87~4.78	7.60~8.20	0.12~0.28	0.021	0.15~5.27	12.09~17.12	2.00~2.54
NJ304	17.84	7.16	5.34	34.12	1.42	7.76	0.11		0.12	31.69	1.38
NJ304-1	11.24	4.19	2.67	42.94	0.96	7.78	0.14		0.07	35.73	1.54
NJ304	49.34~51.17	24.29~27.03	3.84	0.00~2.98	4.48~6.12	7.46~7.60	0.23~0.33	0.06~0.27	0.18~0.42	11.46~16.30	2.95~3.14
	11.43~33.30	5.08~14.58	1.09~3.66	18.82~43.02	0.21~3.34	7.80~8.80	0.04~0.12	0.005	0.17	24.52~36.95	1.73~1.78
NJ303	46.99~50.59	21.96~22.86	3.45~4.02	2.83~4.45	4.09~5.07	7.40~7.60	0.14~0.24	0.07~0.14	0.14~0.43	14.48~25.55	3.30~3.38
	12.60~13.72	4.73~6.66	0.67~1.20	41.18~41.72	0.18~1.42	7.77~8.80	0.06~0.16	0.0~0.068	0.11~0.17	35.16~35.63	1.70~2.22
NJ302	43.88~49.22	25.42~25.49	6.11~8.36	4.58~9.88	4.29~5.06	7.10~7.40	0.63~0.84	0.46~0.76	0.09~0.40	12.58~26.6	2.42~2.85
	12.67	3.92	1.68	42.94	0.60	7.79	0.08	0.002	0.06	34.20	2.13
NJ301	43.52	20.49	12.72	7.40	2.81	7.80	0.35	0.13	0.42	18.75	2.58
	11.63	3.86	2.47	43.52	0.60	7.76	0.11	0.13	0.13	35.59	1.73

（五）物理力学特性

泥化夹层和层间剪切胶结状夹层物理力学性质试验成果见表 6-5 和表 6-8，地球物理特性波速统计见表 6-9。从试验和测试成果可以得出如下认识：

（1）从天然含水量和界限含水量指标来看，两岸岸边位置泥化夹层的天然含水量低于塑限，夹层处于干燥、稍湿、松散或硬塑状态；河床部位泥化夹层天然含水量略低于塑限或相近，夹层以可塑状为主。

（2）干密度和天然孔隙比试验成果显示，各类夹层在上覆岩体荷重的长期作用下，均是比较密实的。

（3）不同类型泥化夹层的物理性质指标存在明显差异，体现出钙质胶结物与泥质混合类泥化夹层的工程性状应好于泥夹岩屑类，而泥夹岩屑类夹层又好于泥质类。

（4）泥化夹层具有中等压缩性，泥质类夹层压缩性比泥夹岩屑类略低。

（5）泥化夹层的纵波速度为 1790～2220m/s，显示出夹层虽然由松散物质构成，但较为密实，与较高的密度和较低的孔隙比等指标相符合。

表 6-8　　　　　　　　　　泥化夹层力学性质试验成果汇总表

编号	取样位置	变形指标		抗剪强度（峰值）		
		压缩系数 a_{1-2}/MPa^{-1}	压缩模量 E_s/MPa	试验方法	凝聚力 c'/kPa	摩擦系数 f'
NJ306	SJ01			原状饱固快	26	0.29
NJ305	SJ01			原状饱固快	8	0.36
	PD1			重塑饱固快	8	0.27
				现场大型剪	20	0.28
	SJ02	0.35	5.39	原状饱固快	42	0.32
	PD23			现场大型剪	10	0.26
	SJ02			室内中型剪	35	0.30
				室内中型剪	140	0.31
	SJ01	0.50	3.41	室内中型剪	35	0.31
				室内中型剪	50	0.29
NJ304-2	PD22			现场大型剪	71	0.53
	SJ02PD01			现场大型剪	94	0.51
	PD22			现场大型剪	37.5	0.42
NJ304	PD4			原状饱固快	33	0.18
				原状饱固快	13	0.21
	SJ01	0.23	6.23	原状饱固快	10	0.35
				室内中型剪	40	0.28
	SJ02			室内中型剪	200	0.29
	PD4			重塑饱固快	91	0.23
				重塑饱固快	33	0.27
				现场大型剪	15	0.28
	PD28			现场大型剪	127	0.69

续表

| 编号 | 取样位置 | 变形指标 | | 抗剪强度（峰值） | | |
		压缩系数 a_{1-2}/MPa^{-1}	压缩模量 E_s/MPa	试验方法	凝聚力 c'/kPa	摩擦系数 f'
NJ303	PD5			重塑饱固快	12	0.27
				重塑饱固快	2	0.41
				重塑饱固快	15	0.28
				现场大型剪	10	0.30
	PD12			现场大型剪	29	0.41
	SJ01	0.32	4.77	原状饱固快	28	0.23
	SJ02PD02			现场大型剪	106	0.44
	PD33			现场大型剪	83	0.33
MD	PD32			现场大型剪	198	1.29
				现场大型剪	84	1.01

注 异常值已剔除，MD 代表层间剪切胶结状夹层。

表 6 - 9　　　　　　　　　　　泥化夹层波速统计

编号	厚度/mm	纵波波速/（m/s）
NJ304 - 2	12	1790
NJ304 - 1	6	1930
NJ304	8	2170
NJ303	8	2220
NJ302	10	1920
NJ301	4	2070

注 表中为 ZK100 钻孔测试成果。

三、发育规律与分类

（一）发育规律

坝区层间软弱夹层的发育主要有如下规律特征：

（1）主要发育在 $O_2m_2^{2-1} \sim O_2m_2^3$ 地层中，河床坝基及两岸坝肩均有分布。

（2）沿层面错动破碎发育而成，产状与上、下岩层产状大致相同。

（3）右岸和河床坝基相对较发育，发育程度有随深度增加而减弱趋势。

（4）不同夹层连续性差别较大。单独存在的连续性较差，一般连续长度数米至十数米；与泥化夹层伴生的（也称为节理带、劈理带）连续性较好。

（二）围岩界面特征

软弱夹层围岩界面有如下特征：

（1）宏观上看，河床部位受小褶曲构造影响，泥化夹层无论在顺河方向上和垂直河流方向上均有一定程度的起伏差，勘探点揭露最大起伏差可达 2.0m。

（2）在薄层岩体中发育的 NJ305、NJ305 - 1、NJ307、NJ307 - 1 泥化夹层围岩界面平直光滑，其他泥化夹层围岩界面多粗糙不平，起伏差为 0.5～1.0cm。

（3）除局部外，Ⅰ级、Ⅱ级泥化夹层的厚度大于围岩界面起伏度。

（4）NJ304 - 2 夹层厚度与围岩界面起伏度相当，局部呈胶结状结合。

根据物质组成与成因，将坝区发育的软弱夹层划分为三类，即岩屑岩块状夹层、钙质充填夹层和泥化夹层，其中泥化夹层又细分为泥质类、泥夹岩屑类和钙质充填物与泥质混合类。详见表 6 - 10。

表 6 - 10　　　　　　　　　　　坝址软弱夹层分类简表

类型		一般特征	典型夹层编号
岩屑岩块状夹层		由层间剪切破碎形成的岩块、岩屑构成，延伸性差，强度高	
钙质充填夹层		沿层面发育，主要由钙质充填物构成，一般厚度为 1～5mm，延伸性差，主要分布于厚层灰岩地层中	
泥化夹层	泥质类	沿层面发育，主要由泥质构成，一般厚度为 5～20mm，延伸性好	NJ305、NJ305 - 1、NJ306 - 2、NJ307、NJ307 - 1、NJ401
	泥夹岩屑类	沿层面发育，主要由泥质和灰岩碎屑构成，一般厚度为 5～20mm，延伸性好，发育于厚层灰岩地层中	NJ301、NJ302、NJ303、NJ304、NJ304 - 1、NJ306、NJ308、NJ308 - 1～NJ308 - 7
	钙质胶填物与泥质混合类	沿层面发育，主要由松散的泥质和钙质胶填物构成，厚度为 5～20mm，延伸性好，发育于厚层灰岩地层中	NJ304 - 2

第三节　软弱夹层抗剪强度

坝基软弱夹层抗滑稳定问题是龙口水利枢纽坝址主要工程地质问题之一，针对坝基软弱夹层抗剪强度指标，采用的试验方法主要有：原位大型抗剪试验（自然固结快剪、饱和固结快剪）、中型剪试验（饱和固结快剪）、原状饱和固结快剪试验和重塑土饱和固结快剪试验。

一、原位大型抗剪试验

（一）试验情况

坝基中软弱夹层的倾向与黄河走向相近，坝基中的主要夹层在上游两岸均有出露，为在两岸的平洞内进行现场大型抗剪试验提供了场地条件。从两岸大量的平洞和河床处 SJ01、SJ02 探井揭露的情况看，除夹层天然含水量不同部位差别较大外，同一夹层的其他性状在各部位总体上是相近的。

1994 年、1995 年完成的 305 - Ⅱ、304 - 2 - Ⅰ、304 - Ⅰ、304 - Ⅱ、303 - Ⅰ、303 - Ⅱ、

301-Ⅰ和MD-Ⅰ各组试验，试件加工和饱和期间没有限制夹层的膨胀，在饱和28天后进行固结快剪，正应力分5级施加，最大正应力值为0.5MPa。

2004年完成的304-2-Ⅱ、304-2-Ⅲ、304-Ⅲ、303-Ⅲ、303-Ⅳ、MD-Ⅱ各组试验，为防止试件的破坏和夹层因卸荷而膨胀弱化，在试件加工和饱和过程中，通过千斤顶在垂向上施加了预压应力，应力值大体与上覆岩体的自重应力相当，并保持到试验开始前。在两岸PD32、PD33、PD22和PD28平洞内进行的304-2-Ⅲ、304-Ⅲ、303-Ⅲ、303-Ⅳ、MD-Ⅱ各组试验，采用的是饱和固结快剪方法，为保证试验层的充分饱和，采用了试件中心孔（ϕ40mm）注水和周边小围堰浸泡两种相结合的饱和方法。SJ02探井内304-2-Ⅱ、303-Ⅲ两组试验，考虑到夹层已经长期处于水下，现状与将来建坝后的情况相近，故采用了自然状态下的固结快剪。试验施加的最大法向荷载为0.9MPa，与建坝后坝基实际工况相当。抗剪断试验结束后各试件均进行了重剪试验。

（二）泥夹岩屑类夹层抗剪强度指标的计算

试验集中于控制性夹层NJ303和NJ304，于1986年、1995年和2004年分三期共完成7组试验。每期试验在夹层物质组成与性状特征和试验方法等方面均存在一定差异，这些差异在试验结果均有体现。

1986年和1995年完成的三组试验（PD4处NJ304，PD12处NJ304，PD14处NJ303），试件加工过程没有限制夹层膨胀，试验施加的正应力也偏低（最大值仅为500kPa），试验结果应属于偏于安全的低值。采用回归分析方法计算的结果，峰值强度：$f'=0.28$，$c'=20kPa$，相关系数为0.95；采用回归分析方法，利用1995年PD12处NJ304和PD14处NJ303试验结果计算出屈服强度：$f'=0.38$、$c'=32kPa$，相关系数为0.94。

2004年的三组试验在试件加工过程中施加了预应力，夹层基本保持了原状，也更接近夹层的实际工作状况。利用PD33和SJ02PD02取得的两组数据，用回归方法计算出，峰值强度：$f'=0.40$，$c'=97kPa$，相关系数为0.81，见图6-6，屈服强度：$f'=0.32$，$c'=89kPa$，相关系数为0.88。PD28平洞处NJ303泥化程度不高，试验得到的抗剪强度指标代表了该类夹层中泥化程度低而性状好的类别，其峰值强度：$f'=0.69$，$c'=127kPa$。

剔除偏低和偏高的两组成果，对余下的5组成果采用算术平均和线性回归方法进行了综合统计。其中回归分析结果，峰值强度：$f'=0.43$，$c'=30kPa$，相关系数为0.74，见图6-7；屈服强度：$f'=0.40$，$c'=43kPa$，相关系数为0.94。

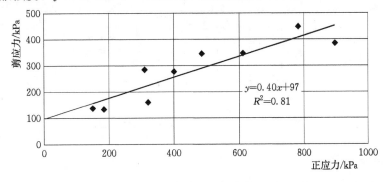

图6-6 NJ303大型剪峰值抗剪强度（2004年PD33、SJ02PD02，限制夹层膨胀）

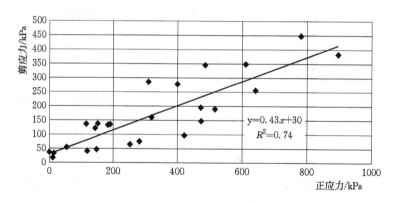

图6-7　NJ303、NJ304峰值抗剪强度（PD4、PD5、PD12、PD33、SJ02）

（三）钙质充填物与泥质混合类夹层抗剪强度指标的计算

代表性夹层是NJ304-2，该夹层性状的总体规律是：河床位置夹层泥化程度相对较低，半胶结状的钙质物含量高，泥化带常以薄膜形式分布于夹层的顶底面附近。两岸位置夹层的性状大体可划分为两个区域：风化卸荷带范围泥化程度明显较高，向深部泥化程度变差，其特征逐渐接近河床部位。

分别于1995年和2004年完成了三组NJ304-2夹层的原位大型抗剪试验，三组试验均相当成功，成果体现出明显的一致性和规律性，准确地反映出了该类夹层的抗剪强度特征。

1995年在PD22平洞中完成的第一组大型剪试验，夹层位置靠近地表，似乎受到相对较强的水平卸荷和渗水的影响，比较而言泥化程度相对较强一些；另外，试件加工过程中未施加预应力，夹层本身可能也有一定程度的卸荷与弱化。因此，夹层抗剪断强度是三组中最低的，其峰值强度：$f'=0.42$，$c'=29kPa$。

三组试验抗剪断峰值强度算术平均值：$f'=0.5$，$c'=64kPa$；最小二乘法方法计算出峰值强度：$f'=0.57$，$c'=41kPa$，相关系数为0.96，见图6-8。对2004年两组试验抗剪断屈服强度的回归分析计算结果：$f'=0.47$，$c'=62kPa$，相关系数为0.98。

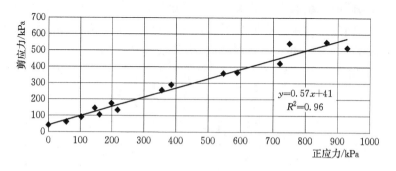

图6-8　NJ304-2峰值强度（全部三组）

二、中型剪试验

仅NJ304和NJ305进行了中型剪试验，成果见表6-11。

表 6-11	泥化夹层中型剪试验成果汇总		
编号	取样位置	抗剪强度（峰值）	
		凝聚力 c'/kPa	摩擦系数 f'
NJ305	SJ02	35	0.30
		140	0.31
	SJ01	35	0.31
		50	0.29
NJ304	SJ01	40	0.28
	SJ02	200	0.29

试样在左岸 SJ01 探井中采用人工刻凿方式取得，NJ305 取 5 组，NJ304 只成功取得 1 组试样。试件大体呈 20cm×20cm 的方形，但不甚规则。采用在水中浸泡的方式饱和，周期为 10 天。充分饱和后，在室内进行固结快剪。

三、原状直剪试验

大部分试样是在 SJ01 和 SJ02 两个探井中采用刻凿法采取的，个别取自勘探平洞。试验方法为固结快剪。

夹泥厚度为 2～3cm，天然含水量与塑限接近，呈可塑状态。为满足直剪要求，选择的试样中不含有大于 2mm 的粗岩屑，砂粒含量为 18.2%～38.0%，粉粒含量为 25.9%～46.4%，黏粒含量为 19.1%～36.4%，见表 6-12。

表 6-12							泥化夹层原状抗剪强度试验成果汇总					
编号	取样位置	天然含水率/%	孔隙比	液限/%	塑限/%	塑性指数	颗粒组成/%				凝聚力/kPa	摩擦系数
							>0.5mm	0.5～0.05mm	0.05～0.005mm	<0.005mm		
NJ306	SJ01	15.4	0.465	26.3	16.3	10.0	23.3	25.5	29.5	21.7	26	0.29
NJ305	PD1										8	0.27
	SJ01	25.7	0.768	33.8	20.7	13.1	11.0	27.6	28.5	32.9	8	0.36
	SJ02	29.6	0.867	40.1	26.6	13.5	12.1		26.0	24.1	42	0.32
NJ304	PD4	24.8									33	0.23
		27.7						38.0	33.1	28.9	13	0.21
	SJ01	14.1	0.502	35.9	21.9	14.0	16.9	20.8	25.9	36.4	10	0.35
NJ303	SJ01	19.8	0.568				16.3	18.2	46.4	19.1	28	0.23

四、重塑土直剪试验

试验方法为重塑后的饱和固结快剪。天然试样含有较多的岩屑，含水量低于塑限。重塑前试样过 2mm 筛，筛除了较大的岩屑。重塑后控制密度与天然密度相近，含水量接近塑限。

NJ303、NJ304 共有 5 组重塑后的饱和固结快剪试验成果，见表 6-13。回归分析计算的结果：$f'=0.28$、$c'=16\text{kPa}$，相关系数为 0.91。NJ305 仅有一组，$f'=0.27$、$c'=8\text{kPa}$，相关系数为 1。

表 6-13　　　　　　　泥化夹层重塑土抗剪强度试验成果汇总

编号	取样位置	天然含水率/%	干容重/(g/cm³)	液限/%	塑限/%	塑性指数	颗粒组成/%				凝聚力/kPa	摩擦系数
							>0.5mm	0.5～0.05mm	0.05～0.005mm	<0.005mm		
NJ305	PD1	5.7	1.65	35.8	22.4	13	10.8	39.7	23.5	12.8	8	0.27
NJ304	PD4										91	0.23
			1.82								33	0.18
NJ303	PD5	12.5	1.76	28.5	16.4	12	48.8	12.7	19.7	18.5	12	0.27
		24.6	1.60	28.6	16.9	12	26.4	29.9	30.9	12.8	2	0.41
			1.87								15	0.27

注　颗粒组成为天然指标；抗剪试验时样品已过 2mm 筛，干密度为重塑后数值。

五、抗剪强度试验成果的综合分析

（1）龙口水利枢纽坝址发育的软弱夹层，在分布、厚度、顶底面的起伏程度、颗粒组成、矿物化学成分、含水量、密实度等方面，同类、同一夹层总体上的一致性与各夹层之间、同一夹层不同空间位置上的差异性是并存的，这些一致性与差异性最终都在抗剪强度指标上反映出来。因此，同类或同一软弱夹层的抗剪强度指标只能是一个范围值，而不可能是单一的确定值。

（2）试验方法对抗剪强度指标有一定程度影响，影响因素主要包括：试件尺寸、试件加工与饱和方法、正应力数值、加荷速率等。比较而言，原位的大型抗剪试验更为贴近实际情况。

（3）抗剪强度指标是软弱夹层性状特征和试验方法的综合体现，统计结果见表 6-14和表 6-15。

泥质类泥化夹层，塑性破坏形式，抗剪断屈服强度：不同试验方法范围值为 $f'=0.22\sim0.31$，$c'=7\sim36\text{kPa}$；原位大型剪算术平均值为 $f'=0.25$，$c'=17\text{kPa}$。

泥夹岩屑类泥化夹层，塑性破坏形式，抗剪断屈服强度：不同试验方法范围值为 $f'=0.15\sim0.47$，$c'=2\sim96\text{kPa}$；原位大型剪算术平均值为 $f'=0.33$，$c'=41\text{kPa}$；原位大型剪线性回归值为 $f'=0.40$，$c'=43\text{kPa}$。

混合类泥化夹层，塑性破坏形式，原位大型剪屈服强度：范围值为 $f'=0.36\sim0.49$，$c'=25\sim81\text{kPa}$；算术平均值为 $f'=0.43$，$c'=40\text{kPa}$；线性回归值为 $f'=0.47$，$c'=62\text{kPa}$。

钙质充填状夹层，脆性破坏形式，原位大型剪峰值强度：$f'=1.01\sim1.29$，$c'=48\sim198\text{kPa}$。

表 6 - 14 　　　　　　　　　泥质类泥化夹层抗剪断屈服强度统计

试验方法	夹层编号	取样位置	凝聚力 c'/kPa	摩擦系数 f'
原状饱和固结快剪	NJ305	SJ01	22	0.25
		PD1	7	0.23
		SJ01	7	0.31
		SJ02	36	0.27
	算术平均值		16	0.26
	线性回归		12	0.28
重塑土饱和固结快剪	NJ305	PD1	7	0.23
现场大型剪	NJ305	SJ01	16	0.27
		PD1	19	0.22
	算术平均值		17	0.25

表 6 - 15 　　　　　　　　　泥夹岩屑类夹层抗剪断屈服强度统计

试验方法	夹层编号	取样位置	凝聚力 c'/kPa	摩擦系数 f'
原状饱和固结快剪	NJ304	PD4	28	0.15
		PD4	11	0.18
		SJ01	9	0.30
	NJ303	PD5	24	0.20
	算术平均值		18	0.21
	线性回归		21	0.34
重塑土饱和固结快剪	NJ304	PD4	77	0.20
			28	0.23
	NJ303	PD5	10	0.23
			2	0.35
			13	0.24
	最大值		77	0.35
	最小值		2	0.20
	算术平均值		26	0.25
	线性回归		16	0.28
现场大型剪	NJ304	PD4	2	0.26
		PD4 支 2	12	0.10
		PD28	98	0.57
	NJ303	PD5	9	0.24
		PD14	27	0.47
		SJ02PD02	96	0.37
		PD33	69	0.30
	NJ301	PD8	132	0.70
	最大值		96	0.47
	最小值		2	0.24
	算术平均值		41	0.33
	线性回归		43	0.40

六、软弱夹层抗剪强度指标建议值

（一）试验代表性分析

泥质类泥化夹层泥化程度高，结构较均一，厚度一般大于 2cm，室内的原状和重塑土直剪试验均能够较好地反映其抗剪强度特征。该类夹层的抗剪强度指标，主要以 1978 年完成的单点法大型抗剪试验、室内原状饱和固结快剪和重塑土饱和固结快剪成果为依据。

泥夹岩屑类和钙质充填物与泥质混合类夹层，均含有较多岩屑或已部分胶结，在性状相对较好的总体特征下，不同夹层之间和同一夹层不同位置在颗粒组成、结构和性状等方面均存在一定差异。钙质充填夹层厚度小，围岩界面粗糙，起伏差一般大于夹层厚度，夹层的抗剪强度主要决定于夹层本身强度和围岩界面的特征。因此，这三类泥化夹层的抗剪强度指标的确定，以剪切面积大、适应性强的原位大型抗剪试验成果为主要依据。室内原状和重塑土直剪试样中基本不含岩屑，代表的是本类夹层中性状较差的部分，主要作为下限指标或低值参考利用。

（二）抗剪强度准则及试验值的修正

由于泥化夹层性状和试验方法的差异，抗剪强度试验成果主要反映的是具体特征下的夹层抗剪强度特征。因此，不能直接引用试验成果统计值作为建议指标，必须以试验成果为基础，根据夹层的总体特征和试验条件进行修正。

1. 钙质充填夹层

本类夹层三组大剪各试件均为脆性破坏，峰值过后强度下降明显，说明其抗剪强度特征类似于一般硬性结构面。按《水利水电工程地质勘察规范》（GB 50287—99）附录 D 规定，应采用峰值强度作为标准值。

考虑以下因素对标准值作了较大折减：①部分夹层顶、底面处有明显泥化现象；②对工程有影响的夹层主要位于坝基浅部，而浅部的夹层易于受到开挖卸荷的影响而张开、破裂，并可能进一步受到水的弱化、冲蚀作用，强度可能会有所降低。

2. 泥夹岩屑类和泥质类夹层

各类泥化夹层大型剪试验破坏形式均属于塑性破坏，除个别试件剪切面为夹层顶面、底面外，大部分试件剪断夹层本身。按《水利水电工程地质勘察规范》（GB 50287—99）附录 D 规定，以大型剪抗剪断屈服强度作为标准值。

泥质类泥化夹层，性状特征较为均一，1978 年进行的野外大型抗剪试验为单点试验，并与室内原状土和重塑土饱和固结快剪成果相当，成果本身属于低值，故不必作大的折减。

泥夹岩屑类泥化夹层、钙质充填物与泥质混合类夹层试验数量相对较多，但夹层性状差异也较大。剔除异常试验数据，对历年试验成果进行综合统计，成果作为夹层抗剪强度一般值。考虑到泥化程度差异，宏观上判定其抗剪强度应大于泥质类夹层。1995 年及以前完成的大型剪试验，试验点夹层泥化程度相对较强，试件加工过程中未施加预应力，夹层本身在试件加工过程中因卸荷而有一定程度的弱化，成果综合了性状较差和施工期可能受到卸荷弱化等不利因素，故与室内原状土和重塑土饱和固结快剪试验成果一致，作为夹层抗剪强度下限指标。2004 年进行的试验，在试验过程中夹层性状基本保持了原状，部分试验点位于坝基下，试验成果作为抗剪强度上限指标。

为安全计，并考虑到试验数量偏少等因素，对统计指标适当折减后作为建议值提出。

（三）抗剪强度建议值使用原则

坝基岩体、结构面、软弱夹层抗剪强度指标建议值列于表 6-16。鉴于软弱夹层性状的不均匀，地质工程师提出以下参数使用原则：

（1）河床浅部尤其是卸荷带范围，夹层含水量高、性状较差，宜采用较低值。

（2）从河谷形态特征和应力分布情况推测，与两侧相比较，河床中部泥化夹层厚度可能较大、性状可能较差，宜采用较低值。

（3）两岸风化卸荷带范围，泥化夹层的泥化程度和其间所含碎屑风化程度均相对较高，蓄水后水文地质条件也明显恶化，并长期在高渗透比降条件下工作，宜采用较低值。

表 6-16　　　　坝基岩体、结构面、软弱夹层抗剪强度指标建议值

序号	岩体、结构面、软弱夹层		摩擦系数	凝聚力/kPa	备注
1	混凝土/豹皮灰岩、灰岩		$f = 0.65 \sim 0.7$		1. f、c 为纯摩指标，f'、c' 为剪摩指标。 2. 泥质类包括：NJ305、NJ305-1、NJ307、NJ307-1 等。泥夹岩屑类包括：NJ301、NJ302、NJ303、NJ304、NJ304-1、NJ306、NJ306-1、NJ306-2、NJ308-NJ308-7、NJ401 等。钙质充填物与泥质混合类包括：NJ304-2。 3. 岩层面、灰岩抗剪强度是指微风化～新鲜状态下。 4. NE 方向裂隙抗剪强度指标宜采用低值
			$f' = 0.8 \sim 1.0$	$c' = 800 \sim 1000$	
2	岩层面		$f = 0.65$		
3	裂隙面		$f = 0.55 \sim 0.6$		
4	中厚层、厚层灰岩、豹皮灰岩		$f = 0.7 \sim 0.8$		
			$f' = 1.2$	$c' = 1200 \sim 1500$	
5	岩屑岩块状夹层 钙质充填夹层		$f = 0.5 \sim 0.55$		
			$f' = 0.6 \sim 0.65$	$c' = 40 \sim 100$	
6	泥化夹层	泥质类	$f = 0.25$		
			$f' = 0.25$	$c' = 10 \sim 20$	
		泥夹岩屑类	$f = 0.25 \sim 0.30$		
			$f' = 0.25 \sim 0.32$	$c' = 15 \sim 50$	
		钙质充填物与泥质混合类	$f = 0.35$		
			$f' = 0.35 \sim 0.4$	$c' = 35 \sim 60$	

第四节　坝基抗滑稳定分析与监测评价

一、坝基深层滑移边界条件

根据河床坝基各种结构面组合和强度特征分析，深层滑移模型为坝后有抗力体的软弱夹层控制形式。

（一）上游拉裂面

NE20°～40°裂隙是坝址发育的两组主要构造裂隙之一，倾角大于80°，间距为0.5～2.0m，具有充填较差、延伸长度较大等特征。六Ⅱ坝轴线方向为NW354°，坝轴线与该组裂隙走向的交角为25°～45°。鉴于其产状和发育程度，以及与坝轴线小角度相交的相互关系判定，河床坝基滑移体上游方向的拉裂面主要由NE20°～40°裂隙构成，见图6-9。

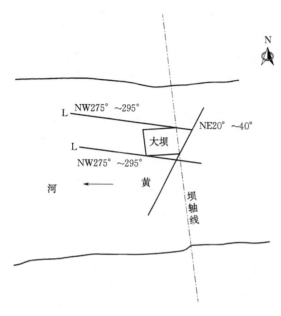

图6-9　坝基滑移边界示意图

（二）两侧切割面

滑移体两侧切割面主要由NW275°～295°裂隙构成，该组裂隙走向与坝轴线交角约为70°，与坝基可能滑移方向交角为20°。该组裂隙延伸性较差，一般延伸长度数米至十余米，分布间距$w=0.5$～2.0m，倾角一般大于70°，张开宽度一般小于1cm，被方解石全部充填或部分充填，除浅部风化卸荷带外，泥质充填物少见。因此，该组裂隙总体性状相对较好，仍具有一定的抗剪强度，有利于河床坝基的抗滑稳定。

（三）滑动面

由于软弱夹层分布的多层性和性状的差异性，河床坝基控制性滑动面的确定较为复杂。

在河床部位，由上而下依次发育有NJ306-1、NJ306、NJ306-2、NJ305、NJ305-1、NJ304-2、NJ304-1、NJ304、NJ303等泥化夹层，其连续性好，强度低；$O_2m_2^{2-1}$层上部钙质充填夹层较发育，探井揭露到其平均分布间距仅0.8～1.7m，其抗剪强度明显低于大坝混凝土与基岩胶结面指标；此外，尚有个别岩屑岩块状夹层和三级泥化夹层发育。这些夹层分布深度不同，抗剪强度存在明显差异，对坝基抗滑稳定的影响程度也不相同，见图6-10。

如仅挖除弱风化及卸荷岩体，NJ306-1和NJ306可以全部清除，SJ01探井北侧NJ306-2可以挖除，该探井附近及南侧NJ306-2残留在坝基中。在此条件下，SJ01探井附近及南侧部位，控制坝基深层抗滑稳定的主要是NJ306-2泥化夹层；该探井以北河床的大部分，控制坝基深层抗滑稳定的主要是NJ305-1和NJ305泥化夹层。

如挖除或截断$O_2m_2^{2-3}$和$O_2m_2^{2-2}$层，则NJ306-1、NJ306、NJ306-2、NJ305、NJ305-1将同时清除或截断，不再具有控制性影响。如此，基础以下首先遇到的泥化夹层将为NJ304-2，无疑NJ304-2是坝基深层滑动控制面之一。NJ304-1和NJ304分别位于NJ304-2以下3.5～3.9m和4.7～5.3m，但其厚度大，泥化程度高，抗剪强度明显低于NJ304-2，由此判断沿NJ304-1、NJ304形成滑动破坏也是可能的。在此条件下，进行深层抗滑稳定核算时，应同时考虑NJ304-2、NJ304-1和NJ304泥化夹层的影响。

如建基面在$O_2m_2^{2-1}$上部，除泥化夹层之外，处于坝基浅部的密集发育的钙质充填夹

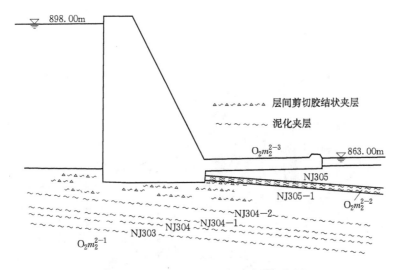

图 6-10 溢流坝段坝基滑移边界示意图

层也将对坝基抗滑稳定产生不利影响，以此为可能滑动面进行抗滑稳定核算也是必要的。考虑到钙质充填夹层层次多，且坝轴线各钻孔也均不同程度发现这种情况，在进行抗滑稳定计算时，其连通性可按 100% 考虑。

（四）尾岩抗力体

在河床坝基及坝后抗力体范围未发现倾向上游的缓倾角断层发育。在坝区众多的勘探点中，仅在 SJ01 探井中见有 5 条倾向上游的缓倾角裂隙，显示坝区倾向上游的缓倾角裂隙是不甚发育的。SJ01 探井中揭露的 5 条倾向上游的缓倾角裂隙均呈闭合或微张状，延伸长度数十厘米至数米，零星和随机分布，连通性差。坝后抗力体是完整的。

为保护尾岩抗力体的完整性，避免冲坑形成临空面，应选择适宜的消能方式，做好下游岩体防冲工程。

二、坝基深层抗滑稳定分析及处理

（一）计算滑动面及滑动模式

龙口水利枢纽工程各坝段可能滑动面为坝基下岩体内的软弱夹泥层及钙质充填物与泥质混合类软弱夹层等结构面，包括自上而下分布的 NJ304、NJ303、NJ302 等多条软弱夹泥层。根据各坝段位置及建基面高程可知：表孔坝段及底孔坝段下控制滑动面为 NJ304、NJ303；电站坝段下控制滑动面为 NJ303、NJ302；小机组坝段下控制滑动面为 NJ304、NJ303；副安装间坝段下控制滑动面为 NJ304、NJ303；隔墩坝段下控制滑动面为 NJ304、NJ303。

坝基下深层滑动模式一般分为单斜面深层滑动和双斜面深层滑动。龙口水利枢纽工程由于坝基下软弱结构面走向均为倾向下游，底孔坝段、表孔坝段下游消能方式为底流消能，设二级消力池，消力池后无较深冲刷坑，结构面在坝后无出露点，因此该工程单滑面不成为控制滑动面。双斜面滑动形式为坝体连带部分基础沿软弱结构面滑动，在坝趾部位切断上覆岩体滑出。计算简图见图 6-11 和图 6-12。

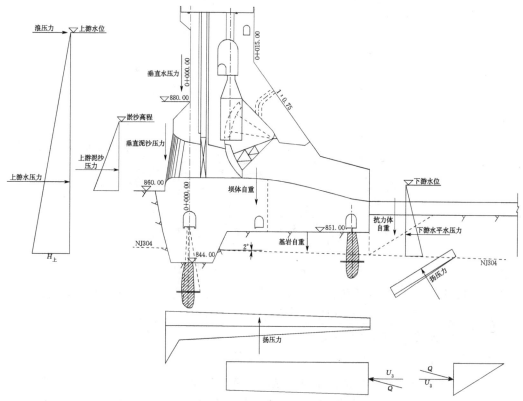

图 6-11　底孔坝段深层抗滑稳定计算简图

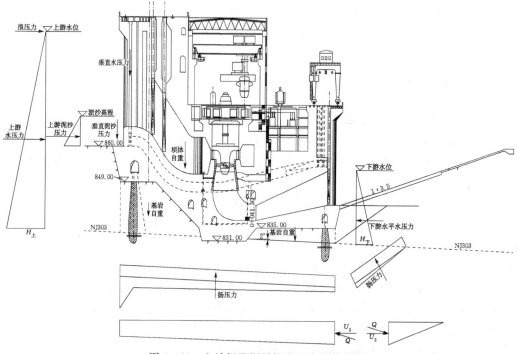

图 6-12　电站坝段深层抗滑稳定计算简图

（二）计算方法及计算公式

计算方法采用刚体极限平衡等安全系数法。由于坝后抗力体岩石为中厚层、厚层的豹皮灰岩，无倾向上游的缓倾角结构面，整体强度高。

计算采用的抗剪断公式为

$$K_1 = \frac{f_1 [V_1\cos\alpha - H\sin\alpha - Q\sin(\gamma-\alpha) + U_3\sin\alpha - U_1] + c_1 A_1}{V_1\sin\alpha + H\cos\alpha - Q\cos(\gamma-\alpha) - U_3\cos\alpha}$$

$$K_2 = \frac{f_2 [V_2\cos\beta + Q\sin(\gamma+\beta) + U_3\sin\beta - U_2] + c_2 A_2}{Q\cos(\gamma+\beta) - V_2\sin\beta + U_3\cos\beta}$$

$$K = K_1 = K_2$$

式中　　K——深层抗滑稳定安全系数；

　　　　Q——坝体下游岩体可提供抗力；

K_1、K_2——坝下基岩滑动面及抗力体滑动面抗滑稳定安全系数；

　　　V_1——坝下基岩滑动面以上的垂直荷载总和；

　　　V_2——抗力体滑动面以上的垂直荷载总和；

　　　H——坝下基岩滑动面以上的水平荷载总和；

　　　U_1——作用在坝基滑动面上的扬压力；

　　　U_2——作用在抗力体滑动面上的扬压力；

　　　U_3——作用在抗力体垂直面上的渗透压力；

　　　α——坝下基岩滑动面倾向下游的视倾角；

　　　β——抗力体的滑裂角，由试算法求出最危险滑裂面；

　　　γ——被动抗力与水平面夹角，$\gamma=14°$；

f_1、c_1——坝基下滑动面的强度指标；

f_2、c_2——抗力体滑裂面的强度指标；

　　　A_1——坝下基岩滑动面面积；

　　　A_2——抗力体滑裂面面积。

（三）坝基加固前各坝段深层抗滑稳定计算

底孔坝段、表孔坝段和电站坝段坝基加固前的深层抗滑稳定计算结果见表 6-17～表 6-19。

小机组坝段、副安装间坝段和隔墩坝段坝基加固前的深层抗滑稳定计算结果见表 6-20～表 6-22。

表 6-17　　　　　　　　　　表孔坝段深层抗滑稳定计算结果

计算工况			抗剪断安全系数（沿 NJ304）K'	抗剪断安全系数（沿 NJ303）K'
基本组合	1	正常蓄水位	2.542	3.774
	2	设计洪水位	2.415	3.576
特殊组合	1	校核洪水位	2.259	3.308

表 6-18 底孔坝段深层抗滑稳定计算结果

计算工况			抗剪断安全系数（沿 NJ304）K'	抗剪断安全系数（沿 NJ303）K'
基本组合	1	正常蓄水位	2.685	3.950
	2	设计洪水位	2.534	3.734
特殊组合	1	校核洪水位	2.370	3.441

表 6-19 电站坝段深层抗滑稳定计算结果

计算工况			抗剪断安全系数（沿 NJ303）K'	抗剪断安全系数（沿 NJ302）K'
基本组合	1	正常蓄水位	2.458	3.314
	2	设计洪水位	2.330	3.159
特殊组合	1	校核洪水位	2.202	2.958

表 6-20 小机组坝段深层抗滑稳定计算结果

计算工况			抗剪断安全系数（沿 NJ304）K'	抗剪断安全系数（沿 NJ303）K'
基本组合	1	正常蓄水位	3.19	4.44
	2	设计洪水位	3.22	4.18
特殊组合	1	校核洪水位	2.95	3.76

表 6-21 副安装间坝段深层抗滑稳定计算结果

计算工况			抗剪断安全系数（沿 NJ304）K'	抗剪断安全系数（沿 NJ303）K'
基本组合	1	正常蓄水位	2.78	3.58
	2	设计洪水位	2.67	3.40
特殊组合	1	校核洪水位	2.43	3.07

表 6-22 隔墩坝段深层抗滑稳定计算结果

计算工况			抗剪断安全系数（沿 NJ304）K'	抗剪断安全系数（沿 NJ303）K'
基本组合	1	正常蓄水位	2.80	3.43
	2	设计洪水位	2.62	3.21
特殊组合	1	校核洪水位	2.47	3.05

　　表 6-20～表 6-22 中小机组坝段深层抗滑稳定满足要求。表孔坝段、底孔坝段、隔墩坝段及副安装间坝段沿 NJ304 及电站坝段沿 NJ303 滑动深层抗滑稳定安全系数计算结果均不满足规范要求，须对坝基进行加固处理；而表孔坝段、底孔坝段、隔墩坝段及副安装间坝段沿 NJ303 及电站坝段沿 NJ302 滑动深层抗滑稳定安全系数计算结果均满足规范要求。综合考虑将表孔坝段、底孔坝段、隔墩坝段及副安装间坝段坝基岩石深挖截断NJ304，将电站坝段坝基岩石深挖截断 NJ303。

（四）坝基加固后各坝段深层抗滑稳定计算

1. 坝基加固措施

（1）对于底孔坝段，由于坝基岩体呈层状构造，并存在多层平缓泥化夹层，使得坝基的深层抗滑稳定问题变得十分复杂。为提高坝体抗滑稳定性，在方案设计中考虑了以下工程措施：

1）坝踵设齿槽，提高强度指标。由于龙口水利枢纽坝址区软弱夹层层次多、分布广、夹层薄，常用的人工洞挖键槽法难度很大；用抗滑桩工程量大，工期长。采用开挖深齿槽方法较为现实可行。

2）坝体上游加宽，加大坝体自重。

3）坝前设防渗板，减少滑动面上的扬压力。

4）采用预应力锚索加固坝基。

除预应力锚索外，其他各种措施均须设齿槽并深入 NJ304 以下 1m。

经技术经济综合比较，龙口水利枢纽工程底孔坝基加固处理方法采用坝踵设深齿槽挖断软弱面，挖断 NJ304 泥化夹层，齿槽内回填混凝土。

（2）对于电站坝段，坝基建于 $O_2m_2^{2-1}$ 中厚、厚层、豹皮灰岩上，为满足机组安装高程要求，基础开挖较深。坝体深层滑动以 NJ304、NJ303 控制。由于尾水渠的开挖减小了抗力体的厚度，不能满足要求，需要结合厂房开挖采取工程措施，满足抗滑稳定的要求。设计比较了以下方案：

1）中部齿槽下控制 NJ303 夹层。

2）中部齿槽下控制 NJ303 同时挖除齿槽下游的 NJ304 夹层。

3）坝趾处挖后齿槽，后齿槽下挖到 NJ303 夹层。

4）中部齿槽和后齿槽。

经研究比较，确定选用方案 2），齿槽底宽为 22m。

2. 加固后计算结果

坝基加固后，表孔坝段、底孔坝段和电站坝段深层抗滑稳定计算结果见表 6-23；隔墩坝段和副安装间坝段深层抗滑稳定计算结果见表 6-24。

表 6-23　　　　表孔、底孔和电站坝段加固后深层抗滑稳定计算结果

坝段	计算工况			抗滑稳定安全系数 K'		抗力体平均水平压应力 σ_x/MPa	备注
				加固后	不计抗力体		
表孔坝段	基本组合	1	正常蓄水位	3.388	1.362	0.90	沿 NJ304
		2	设计洪水位	3.220	1.287	0.84	
	特殊组合	1	校核洪水位	2.974	1.175	0.92	
底孔坝段	基本组合	1	正常蓄水位	3.533	1.223	0.87	沿 NJ304
		2	设计洪水位	3.332	1.134	0.81	
	特殊组合	1	校核洪水位	3.082	1.041	0.89	

续表

坝段	计算工况			抗滑稳定安全系数 K'		抗力体平均水平压应力 σ_x/MPa	备注
				加固后	不计抗力体		
电站坝段	基本组合	1	正常蓄水位	4.037	1.850	0.50	沿 NJ303
		2	设计洪水位	3.838	1.750	0.42	

表 6-24　　　　　　　隔墩、副安装间坝段加固后深层抗滑稳定计算结果

坝段	计算工况			抗滑稳定安全系数 K'	备注
隔墩坝段	基本组合	1	正常蓄水位	3.49	沿 NJ304
		2	设计洪水位	3.28	
	特殊组合	1	校核洪水位	3.07	
副安装间坝段	基本组合	1	正常蓄水位	3.83	沿 NJ304
		2	设计洪水位	3.67	
	特殊组合	1	校核洪水位	3.35	

表 6-23 中表孔坝段、底孔坝段沿 NJ304 及电站坝段沿 NJ303 滑动计算时，由于坝体加固设计混凝土齿槽切断该结构面，计算时滑动面上强度指标为混凝土与结构面的强度指标加权平均值。混凝土齿槽的强度指标为 $f_1 = 0.80$，$c_1 = 0.80$MPa。

表 6-23 和表 6-24 中各种工况下典型坝段深层抗滑稳定安全系数均满足规范要求。计算表明，各典型坝段在不采取加固措施情况下，坝基深层抗滑稳定不满足要求；采取加固措施后，满足要求，加固措施合理。

二、大坝抗滑稳定监测评价

（一）监测资料分析评价

1. 变形监测

分析垂直和水平位移监测资料，可发现如下情况：

（1）大坝总体呈沉降趋势，其中坝顶最大累积沉降量为 13.3mm（12 号坝段，2018年 2 月 11 日），坝基最大沉降量为 9.47mm（11 号坝段），坝基 A-A 和坝基 B-B（坝基上下游）最大沉降差为-3.26mm（向上游倾斜），发生于 4 号坝段（2010 年 5 月 9 日）。

（2）各沉降测点多年累积变幅在合理范围内，其中坝顶各沉降测点累积变幅在6.3mm（EM3-ZD）～15.42mm（EM5-3），平均年变幅约 5mm；坝基各沉降测点累积变幅在 7.6mm（EM1-2）～10mm（EM13-1），平均年变幅约 1.8mm；坝顶受温度影响，沉降变幅大于坝基，符合一般规律。

（3）大坝沉降主要发生在 2011 年之前，2011 年之后坝基和坝顶沉降趋势基本稳定，主要随气温呈周期性变化，其中坝顶沉降变幅大于坝基部位，河床坝段沉降变幅大于岸坡坝段。

（4）上下游方向位移，引张线与垂线观测结果基本一致，坝基和坝体的水平位移总体指向下游，其中向下游侧最大变形为 7.73mm（7 号坝段顶，2018 年 3 月 23 日），向上游

侧最大变形为 2.8mm（19 号坝段坝顶，2016 年 11 月 12 日），运行期累积变幅为 0.98～8.52mm，坝顶部位大于坝基部位，主要随水库水位和气温呈周期性变化，符合一般变形规律。从分布曲线来看，河床坝段位移大于两岸坝段，主要位移发生在 5～8 号电站坝段，相邻坝段的水平位移差值最大约 3mm。

（5）左右岸方向位移，位移量整体较小，向左岸的最大位移量为 2.58mm（1 号坝基，2018 年 3 月 9 日），向右岸的最大位移量为 2.43mm（19 号坝顶，2015 年 2 月 12 日）；垂线各测点平均年变幅为 0.45～2.01mm，累积变幅为 0.75～3.54mm，最大年变幅和累积变幅位于 19 号坝段。

（6）大坝基岩变形量整体不大，所测的 2 号、8 号、13 号、18 号坝段基岩累积变形量为－4.18mm（M2-3-1，2018 年 7 月 2 日）～7.32mm（M2-2-2，2014 年 2 月 1 日），从过程线看，大部分变形发生在施工期，运行期累积变幅仅为 0.07～1.6mm。

（7）从监测部位来看，坝趾处的基岩变形相对较大，最大累积变形量为 7.32mm（2 号坝段，2014 年 2 月 1 日），坝踵和消力池的最大累积变形量分别为 3.75mm（8 号坝段，2018 年 3 月 25 日）和 2.96mm（8 号坝段，2013 年 3 月 22 日）。

2. 坝基扬压力监测

通过分析各测孔水位的过程线及特征值，坝基扬压力呈如下变化规律：

（1）扬压力变化与上游水位呈一定相关性，水库水位升高，扬压力上升；水库水位下降，扬压力也相应下降；而且越靠近上游的测点，所受影响越明显。同时，坝基扬压力的变化一般滞后于水库水位的变化，测孔位置越靠近下游，测孔水位滞后水库水位的时间越长。因此，水库水位是影响坝基扬压力的主要因素。另外，下游水位的变化对河床段坝基扬压力也有一定影响。

（2）降雨对坝基扬压力也有一定的影响，尤其是库岸坝块受降雨影响较大，一般夏季降雨较多季节，测压孔水位较高，而降雨量较少的冬季则测压孔水位较低。河床坝段坝基扬压力受降雨影响较小。

（3）软弱夹层的扬压力水位多年来无明显的趋势性变化，主要随水库水位和气温呈周期性变化。河床坝段大部分浅孔扬压力变化较为平稳，无明显趋势性变化。

3. 坝基渗流量监测

坝基渗流量特征值统计见表 6-25，过程线见图 6-13。通过对坝基渗流量分析可知：

坝基渗流量在 150m³/d 左右，与水库水位呈一定相关性，变化规律呈逐年减小趋势。随着向上游铺盖形成，排水量整体呈逐年下降趋势，且排水管的水质清澈，未产生渗透稳定问题。

表 6-25　　　　　　　　　坝基排水量近年平均值统计

年份	平均值/（m³/d）	上游水位平均值/m	备注
2014	197.83	894.508	
2015	175.92	893.794	
2016	159.59	894.327	
2017	149.77	895.347	
2018	150.35	896.296	1—5 月

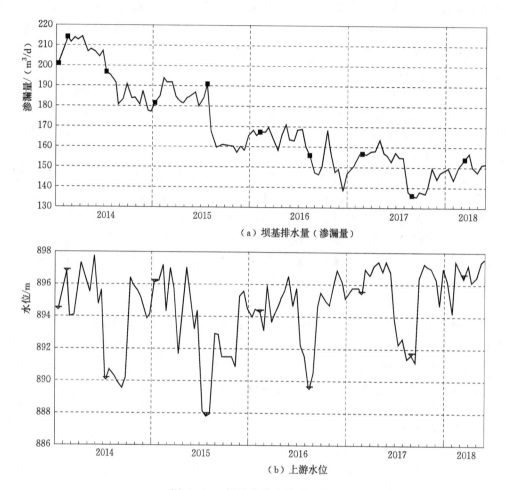

（a）坝基排水量（渗漏量）

（b）上游水位

图 6-13 坝基总渗流量过程线

总之，经过对龙口水利枢纽大坝及坝基变形、渗流、应力应变等各项安全监测成果的综合分析认为：大坝的变形、渗流与应力状态等基本符合混凝土重力坝的一般规律，大坝目前工作性态基本正常。

（二）安全鉴定评价意见

2020 年大坝安全鉴定中，有关大坝抗滑稳定评价意见为：经过对大坝变形、渗流、应力应变、温度等各项安全监测成果的综合分析认为，龙口水利枢纽大坝的变形、渗流、温度与应力状态等符合混凝土重力坝的一般规律，大坝安全性态"正常"。大坝抗滑稳定满足规范要求，变形规律正常，没有危及安全的异常变形；泄水、引水等建筑物的结构强度、稳定和泄流满足规范要求；近坝岸坡稳定。大坝结构安全。工程运行多年来，未发现较大质量问题和安全隐患。黄河龙口水利枢纽工程大坝安全类别评定为"一类坝"。

黄河龙口水利枢纽工程于 2010 年 6 月 30 日完工，2014 年竣工验收，投入运行已 10 余年，工程总体运行情况良好，经济效益和社会效益显著。

参 考 文 献

[1] 郭志. 实用岩体力学 [M]. 北京：地震出版社，1996.

[2] 杜恒俭，陈华慧，曹伯勋. 地貌学及第四纪地质学 [M]. 北京：地质出版社，1991.

[3] 陆兆溱. 工程地质学 [M]. 北京：中国水利水电出版社，2001.

[4] 宋健波，张倬元，于远忠，等. 岩体经验强度准则及其在地质工程中的应用 [M]. 北京：地质出版社，2002.

[5] 李仲春. 水利水电工程地质论文集 [M]. 郑州：黄河水利出版社，2004.

[6] 水利电力部水利水电规划设计总院. 水利水电工程地质手册 [M]. 北京：水利电力出版社，1985.

[7] 彭土标，袁建新，王惠明. 水力发电工程地质手册 [M]. 北京：中国水利水电出版社，2011.

[8] Hoek E. 实用岩石工程技术 [M]. 刘丰收，崔志芳，王学潮，等译. 郑州：黄河水利出版社，2002.

[9] 赵国潘，金伟良，贡金鑫. 结构可靠度 [M]. 北京：中国建筑工业出版社，2000.

[10] 董学晟，田野，邬爱清，等. 水工岩石力学 [M]. 北京：中国水利水电出版社，2004.

[11] 刘汉东，陆新景，霍润科. 岩石力学理论与工程实践 [M]. 郑州：黄河水利出版社，1997.

[12] 石庆饶. 佛子岭水库除险加固 [M]. 北京：中国水利水电出版社，2007.

[13] 国电公司西北勘测设计研究院. 黄河龙羊峡水电站勘测设计重点技术问题总结 [M]. 北京：中国电力出版社，2003.

[14] 彭进夫. 汉江安康水电站勘测工作回顾 [J]. 西北水电，1999（3）：6-9.

[15] 王东华. 宝珠寺水电工程坝址区泥化夹层的工程地质研究 [J]. 西北水电，1986（02）.

[16] 葛东海. 铜街子水电站复杂地基工程地质勘察 [J]. 四川水利发电，1999（3）.

[17] 徐瑞春，黄中平. 高坝洲水利枢纽工程地质研究 [J]. 人民长江，1997（09）.

[18] 徐瑞春. 隔河岩水利枢纽地质条件与工程实践 [J]. 水力发电，1993（10）.

[19] 余永志，蔡耀军，颜慧明. 湖南皂市水利枢纽泥化夹层工程地质特性 [J]. 资源环境与工程，2006（05）.

[20] 黄志全，陈尚星，李华晔，等. 溪洛渡电站软弱夹层剪切强度分析研究 [J]. 地质与勘探，2005（04）.

[21] 唐成建，张全，潘杰，等. 武都水库大坝河床坝基深层抗滑稳定分析 [J]. 四川水利，2007（06）：34-36.

[22] 宗仁怀，廖明亮，吴大勇. 官地水电站重力坝坝基抗滑稳定分析 [J]. 水电站设计，2001（01）.

[23] 杨益才. 某坝址砾岩层间泥化夹层强度研究 [J]. 贵州水力发电，2005（03）.

[24] 彭明亮. 武都水库坝址区岩体力学特性试验研究 [J]. 四川水力发电，2003（002）.

[25] 唐来顺. 万家寨水利枢纽坝基层间剪切带取样技术 [J]. 水利水电工程设计，2001（01）.

[26] 施建新. 不同施工状态坝基层间剪切带松弛变形机理初探 [J]. 水电站设计，2001（03）.

[27] 马国彦，高广礼. 黄河小浪底坝区泥化夹层分布及其抗剪试验方法的分析 [J]. 工程地质学报，2000（01）.

[28] 薛守义，王思敬. 小浪底工程中原状泥化夹层的动三轴试验 [J]. 岩土工程学报，1997（02）.

[29] 董遵德. 小浪底水利枢纽及主要岩石力学问题试验研究简介 [J]. 黄委会勘测规划设计研究院科研

所，1999.

[30] 董遵德，王宝成，冯英. 小浪底水利枢纽岩石力学试验研究回顾 [J]. 岩石力学与工程学报，2001 (z1).

[31] 赵长海，董遵德，等. 小浪底水利枢纽地下工程技术专题研究 [J]. 岩石力学，1995.

[32] 李松海，侯清波，温秋生. 小浪底水利枢纽工程中的几个岩体力学问题概述 [J]. 岩土力学，2003 (S2).

[33] 徐国刚. 红色碎屑岩系中泥化夹层组构及强度特性研究 [J]. 人民黄河，1994.

[34] 万宗礼，聂德新. 坝基红层软岩工程地质研究与应用 [M]. 北京：中国水利水电出版社，2007.

[35] 袁澄文，董遵德. 软弱结构面现场剪切试验的几个测试技术问题 [J]. 水利学报，1982 (10).

[36] 陆恩施. "红层" 泥化夹层抗剪强度研究方法探讨 [J]. 水电工程研究，2001.

[37] 梁天津. 百色水利枢纽主坝坝基主要工程地质问题研究 [J]. 水利水电技术，2007 (11).

[38] 何木章. 大朝山水电站的工程地质勘察实践 [J]. 云南水力发电，2004 (02).

[39] 李安军. 惠州抽水蓄能电站花岗岩地区软弱夹层钻探技术 [J]. 西部探矿工程，2005 (z1).

[40] 高健. 景洪水电站枢纽区工程地质条件 [J]. 云南水力发电，2001 (01).

[41] 李敦仁，蒋道苏. 乐滩水电站坝址工程地质 [J]. 红水河，2006 (02).

[42] 杨建. 龙爪河引水工程坝址区软弱夹层工程特性的研究 [J]. 水利水电技术报导，1999.

[43] 闫汝华，樊卫花. 马家岩水库坝基软弱夹层剪切特征及强度 [J]. 岩石力学与工程学报，2004 (22).

[44] 张辉. 糯扎渡水电站现场岩体力学参数的试验研究 [J]. 云南水力发电，2003.

[45] 夏宏良，蒋作范，李学政，等. 龙滩水电站主体工程地质条件概述 [J]. 中南水力发电，2007.

[46] 牛世豫. 潘家口水库主要工程地质问题的再认识 [J]. 工程地质学报，2000 (11).

[47] 冯明权，刘丽，代晓才，等. 彭水水电站软弱夹层特征与分布规律的研究 [J]. 人民长江，2007 (09).

[48] 冯源. 向家坝水电站工程地质条件 [J]. 水力发电，1998 (02).

[49] 王自高. 天生桥一级水电站工程地质勘察实践与经验 [J]. 云南水力发电，2004 (01).

[50] 黄志全，王思敬，李华晔，等. 宝泉抽水蓄能电站岩体抗剪参数的选取 [J]. 工程地质学报，1998.

[51] 杨强，陈新，周维垣. 抗剪强度指标的可靠性分析 [J]. 岩石力学与工程学报，2002 (06).

[52] 王行本. 关于软弱夹层的抗剪强度问题 [J]. 水力发电，1985 (04).

[53] 项伟. 软弱夹层微结构研究及其力学意义 [J]. 地球科学，1985.

[54] 项伟. 粘粒含量对泥化夹层抗剪强度的影响 [J]. 兰州大学学报，1984 (03).

[55] 曾纪全，杨宗才. 岩体抗剪强度参数的结构面倾角效应 [J]. 岩石力学与工程学报，2004 (20).

[56] 沈婷，丰定祥，任伟中，等. 由结构面和岩桥组成的剪切面强度特性研究 [J]. 岩土力学，1999 (01).

[57] 刘宏力，石豫川，刘汉超. 软弱层带抗剪强度经验公式 [J]. 水土保持研究，2005 (06).

[58] 胡涛，任光明，聂德新. 沉积型软弱夹层成因分类及强度特征 [J]. 中国地质灾害与防治学报，2004 (01).

[59] 唐良琴，聂德新，任光明. 软弱结构面粒度成分与抗剪强度参数的关系探讨 [J]. 工程地质学报，2003 (02).

[60] 聂德新，符文熹，任光明，等. 天然围压下软弱层带的工程特性及当前研究中存在的问题分析 [J]. 工程地质学报，1999 (04).

[61] 张咸恭，聂德新，韩文峰，等. 围压效应与软弱夹层泥化的可能性分析 [J]. 地质论评，1990.

[62] 符文熹，聂德新，尚岳全，等. 地应力作用下软弱层带的工程特性研究 [J]. 岩土工程学报，2002

（05）.

[63] 张咸恭，聂德新，韩文峰. 软弱夹层围压效应和泥化可能性分析 [J]. 地质论评，1990.

[64] 聂德新，张咸恭，韩文峰. 软弱层带工程地质评价中的几个问题：第四届全国工程地质大会论文集 [C]. 北京：海洋出版社，1992.

[65] 贺如平. 溪洛渡水电站坝区岩体层间层内错动带现场渗透及渗透变形特性研究 [J]. 水电站设计，2003（02）.

[66] 刘远明，夏才初. 共面闭合非贯通节理岩体贯通机制和破坏强度准则研究 [J]. 岩石力学与工程学报，2006（10）.

[67] 徐磊，任青文. 不同充填度岩石分形节理抗剪强度的数值模拟 [J]. 煤田地质与勘探，2007（03）.

[68] 卢波，丁秀丽，邬爱清. 岩体随机不连续面产状数据划分方法研究 [J]. 岩石力学与工程学报，2007（09）.

[69] 王桂容. 关于软弱夹层几个主要工程地质问题的研究现状 [J]. 水利水电技术，1987（11）.

[70] 任放. 葛洲坝工程二江泄水闸下游大型抗力试验 [J]. 工程岩石力学，1998.

[71] 林伟平. 葛洲坝基岩 202 号泥化夹层强度选取的探讨 [J]. 工程岩石力学，1982（10）.

[72] 张连高. 某水库坝址软弱夹层抗剪强度特性的初步探讨 [J]. 岩石力学，1985.

[73] 贾耀先. 大藤峡电站坝址软弱夹层现场抗剪试验技术总结 [J]. 岩石力学，1985.

[74] 李景山，赵善国，胡萍. 坝基软弱夹层的成因及特征 [J]. 黑龙江水利科技，2007（02）.

[75] 范中原，任自民. 含软弱层（带）复杂地基的工程地质研究成果综述 [J]. 水力发电，1987（06）.

[76] 冯光愈，鄢重新. 坝基缓倾角软弱夹层带的土工试验研究 [J]. 长江水利水电科学研究院院报，1987（1）.

[77] 林伟平，田开圣. 成层岩体中软弱层带的工程特性 [J]. 长江水利水电科学院研究院院报，1986（2）.

[78] 陆恩施. "红层"软弱泥化夹层抗剪强度研究方法探讨 [J]. 水利水电技术报导，1999（1）.

[79] 王恕林. 江苏宜兴抽水蓄能电站上水库软弱夹层工程特性 [J]. 华东水电技术. 2003.

[80] 长江水利水电科学研究院，岩基科研三十年 [R]. （1986-09）.

[81] 何沛田，肖本职. 嘉陵江亭子口水利枢纽岩石力学试验研究综合报告（B2007145YJ）[R]. 武汉：长江科学院，2007.

[82] 肖本职，等. 嘉陵江亭子口水利枢纽现场岩石力学试验报告 [R]. 武汉：长江科学院，2007.

[83] 李维树，等. 重庆长江小南海水利枢纽预可研阶段岩石力学性质试验研究报告 [R]. 武汉：长江科学院，2007.

[84] 李维树，等. 乌江银盘水电站可研阶段岩石力学性质试验研究报告 [R]. 武汉：长江科学院，2005.

[85] 熊诗湖，等. 清江水布垭水利枢纽现场岩石力学试验研究报告 [R]. 武汉：长江科学院，2001.

[86] 周火明，等. 清江高坝洲水利枢纽岩石力学试验成果 [R]. 武汉：长江科学院，1992.

[87] 中国水利水电科学研究院，"八五"国家科技攻关"岩质高边坡稳定分析和软件系统"（85-208-03-01）[R].

[88] 中水北方勘测设计研究有限责任公司. 结构面抗剪强度取值方法专题问题资料汇编 [R]，2009.

[89] 中水北方勘测设计研究有限责任公司. 深层抗滑稳定的若干问题 [R]，1999.

[90] 中水北方勘测设计研究有限责任公司. 重力坝抗滑稳定专题问题资料汇编 [R]，1995.

[91] 中水北方勘测设计研究有限责任公司. 万家寨水利枢纽坝基抗滑稳定分析报告 [R]，1996.

[92] 中水北方勘测设计研究有限责任公司. 黄河龙口水利枢纽坝基抗滑稳定分析报告 [R]，2003.

[93] 中华人民共和国水利部. 工程岩体分级标准：GB 50218—2014 [S]. 北京：中国计划出版社，2014.

[94] 中华人民共和国水利部，原中华人民共和国电力工业部. 水利水电工程地质勘察规范：GB 50287—

99 [S]. 北京：中国计划出版社，2016.

[95] 中华人民共和国水利部. 水利水电工程地质勘察规范：GB 50487—2008 [S]. 北京：中国计划出版社，2008.

[96] 中华人民共和国建设部. 岩土工程勘察规范：GB 50021—2001 [S]. 北京：中国建筑工业出版社，2009.

[97] 长江勘测规划设计研究有限责任公司. 混凝土重力坝设计规范：SL 319—2018 [S]. 北京：中国水利水电出版社，2018.

[98] 中交第一公路勘察设计研究院有限公司. 公路工程地质勘察规范：JTG C20—2011 [S]. 北京：人民交通出版社，2011.

[99] 重庆市城乡建设委员会. 建筑边坡工程技术规范：GB 50330—2013 [S]. 北京：中国建筑工业出版社，2013.

[100] British Standards Institution. Code of Practice for Site investigations：BS 5930 [S]. 1999.

[101] Department of the Army Corps of Engineers office of the chief of Engineers. Engineering and Design Geotechnical Investigations：EM1110‑1‑1804 [S]. 2001.

[102] 苏红瑞，许仙娥，黄向春，等. 美国内政部垦务局《工程地质现场手册》[M]. 天津：天津大学出版社，2012.

作者简介

刘满杰 1963 年 1 月生，天津蓟县人，教授级高级工程师。1983 年毕业于华北水利水电学院，获学士学位。历任中水北方勘测设计研究有限责任公司勘察院副院长、总工程师，航测遥感院院长，现任中水北方勘测设计研究有限责任公司智慧水利事业部总经理。拥有 30 多年的工程项目、企业管理经验。曾获国家级优秀工程勘察银奖、水利部优秀工程勘察金奖、省部级科技进步奖等多项奖项。曾为国际地质学会、中国地质学会、中国水利学会委员，天津市水利学会董事、岩土专业委员会主任委员。

吴正桥 男，汉族，中共党员、教授级高级工程师。1968 年 8 月出生，1991 年 7 月毕业于清华大学水利系，获得水利水电工程建筑专业和工程力学专业双学士学位。同年 8 月起，在中水北方勘测设计研究有限责任公司（原水利部天津勘测设计研究院）从事水利水电工程设计工作至今。历任设计室副主任、水工处副处长、处长、水电事业部总经理等职务，现任中水北方勘测设计研究有限责任公司副总经理兼总工程师。先后参加或主持了黄河万家寨水利枢纽、甘肃省白龙江引水工程、南水北调东线二期工程（黄河以北）及穿黄河工程、大理洱海生态廊道工程、湖南椒花水库、云南清水河水库、海南琼西北供水工程等数十项大中型水利水电工程不同阶段的设计工作。

高义军 1966 年 3 月生，河北晋州人，教授级高级工程师。1988 年毕业于中国地质大学，获学士学位。现任中水北方勘测设计研究有限责任公司勘察院副院长、总工程师，长期从事水利水电工程地质勘察及岩土工程勘察工作。曾获国家级优秀工程勘察银奖、水利部优秀工程勘察金奖、省部级科技进步奖等多项奖项。现为中国水利学会勘测专业委员会副主任委员、天津市水利学会岩土力学专业委员会主任、中国勘察设计协会工程勘察分会常务理事、天津市地质学会理事。

陈书文 1968 年 10 月生，山西长治人，教授级高级工程师，注册土木工程师（水利水电工程地质）。1993 年毕业于河海大学，获学士学位。现就职于中水北方勘测设计研究有限责任公司，任勘察院副总工，主要从事水利水电工程地质及岩土工程勘察、技术咨询与评估等工作。曾获水利部优秀工程勘察金奖 1 项，天津市优秀勘察设计工程勘察一等奖 2 项，天津市优秀工程咨询成果二等奖 1 项。